现代化奶牛
饲养管理技术

蒋林树　陈俊杰　主编

中国农业出版社

北京市属高等学校高层次人才引进与培养计划项目

现代农业产业技术体系北京市奶牛创新团队

国　家　"　十　二　五　"　科　技　支　撑　计　划

新　世　纪　百　千　万　人　才　工　程　项　目

主　　编	蒋林树　陈俊杰			
编写人员	王秀芹	张　良	李振河	王学军
	苏明富	陈俊杰	蒋林树	张庆国
	贾春宝	张　翼	杨昭臣	

CONTENTS

目 录

绪 论

我国奶牛业的现状及存在问题

一、我国奶牛业发展现状及面临的形势

我国奶牛业起步较晚，而且主要集中在大中城市。专门化的奶牛品种是在近代传入我国的。新中国成立前，我国奶牛业发展较慢，全国只有约 10 万头奶牛和杂种奶牛，大部分集中在上海、广州、天津和北京等大中城市。

改革开放以后，我国许多省市制定了一系列鼓励发展奶牛的优惠政策，使奶牛业获得了长足发展。进入新世纪以来，我国奶业以市场为导向，强化政策支持，实施优势产业布局，推进发展方式转变，产业规模、产业结构和生产水平得到大幅提升，实现了持续快速发展。

（一）奶牛存栏快速增加，奶类总产量大幅增长

2012 年，全国奶牛存栏量达到 1 440 万头，奶类产量 3 744 万吨，我国奶类产量已跃居世界第三位，成为奶类生产大国。

（二）奶牛生产区域化进程加快，产业集中度明显提高

2008 年，内蒙古、黑龙江、河北等 13 个优势省（自治区、直辖市）奶牛存栏量占全国 84.3%，与 2000 年基本持平；牛奶产量占全国 88.3%，比 2000 年提高了 10 个百分点，产业集中度进一步提高。同时，优势区域内部布局也进一步优化，涌现了一大批奶牛养殖大县。

（三）奶牛规模养殖加快推进，质量进一步提升

2012 年，全国 100 头以上奶牛规模养殖比重达到 35%，比

2008 年提高 15.5 个百分点。奶牛养殖户数（即散户）持续减少，部分散养户陆续退出奶牛养殖环节，奶牛养殖户所占比例持续下降，规模牧场数量和存栏量均有所增加。

（四）乳制品加工业飞速发展，生产规模迅速扩大

2012 年，规模以上乳制品企业达到 649 家，加工集中度进一步提高，全年实现销售收入 2 465 亿元（同比增长了 14.3%），实现利润总额 160 亿元，比 2011 年增加了 28 亿元（同比增长 21.7%）。全国乳制品总产量突破 2 500 万吨达到 2 545 万吨（同比增长 8.1%），各品种乳制品产量均有增长。

（五）乳制品产量持续增加，产品种类丰富多样

2012 年，全国规模以上企业乳制品产量达 1 810.6 万吨。其中，液态乳产量 1 525.2 万吨，分别是 2000 年的 7.7 倍和 11.2 倍。目前，市场上巴氏杀菌乳、超高温灭菌乳、酸乳、乳粉、干酪、奶油、炼乳等产品种类齐全，基本满足了城乡居民多样化的消费需求。

（六）乳品消费同步增长，城乡居民消费水平不断提高

2012 年，城镇居民人均乳品消费量为 22.72 千克，比 2000 年增长 56.8%；农村居民人均 4.81 千克，为 2000 年的 3.9 倍；城镇居民家庭人均乳品消费金额比 2000 年增长了 1.8 倍。

二、我国奶牛业发展中的矛盾及存在的问题

我国奶业在快速发展的同时，一些长期积累的矛盾和问题日益凸显。

（一）养殖方式落后

小规模散养户仍是生鲜乳生产的主体，专用饲草饲料缺乏，饲养方式粗放，高产奶牛较少，单产水平与国外发达国家相比差距较大。

（二）乳品质量安全监管依然薄弱

生鲜乳收购站点数量多，条件参差不齐，开办主体复杂，监

管难度大；乳品质量安全保障体系不健全，监管力量不足。

（三）乳制品市场秩序不规范

一些乳制品企业缺乏稳定的奶源基地，淡季压价、旺季争抢奶源的现象时有发生；部分乳制品企业为抢市场打价格战和广告战，炒作概念，不落实复原乳标识制度，误导消费者。

（四）原料奶定价机制不合理

奶农组织化程度较低，乳制品企业单方面决定生鲜乳价格，奶农利益难以保证。

（五）消费市场培育滞后

科学消费的观念和习惯尚未形成，乳品消费市场培育滞后于奶业发展。这些深层次的矛盾和问题，与"三聚氰胺"事件、国际金融危机等多重因素叠加，交互影响，使得 2008 年下半年以来，我国乳品消费萎缩，乳粉进口大幅增加，出口下降，乳制品企业经营困难，生鲜乳价格持续下行，奶牛养殖业亏损严重，奶业面临前所未有的严峻挑战。

当前，我国奶业正处于从数量扩张向整体优化、全面提高产业素质转变的关键时期，还有很大的发展空间和潜力。从消费市场看，城镇居民的人均乳品消费量只有世界平均水平的 1/4，农村居民的人均乳品消费量只有城镇居民的 1/5，随着人口增长特别是城镇人口大量增加、城乡居民收入持续较快增长和消费结构不断改善，乳品消费需求增长空间不断增大。从资源条件看，奶牛存栏量已突破 1 440 万头，还有 1 000 多万头牦牛、2 000 多万头水牛和 500 多万只奶山羊资源可供开发，农区种植业结构调整和饲草产业稳步发展，牧区生态逐步恢复，近 7 亿吨可用作饲料的农作物秸秆还有 40％左右的利用空间，奶业发展相关资源还有较大的开拓潜力。各级政府把发展奶业摆在重要位置，加大政策落实和资金扶持力度。只要采取有效措施，因势利导，就能化危机为机遇，促进奶业持续健康发展。

三、提高我国奶牛生产水平的措施

(一)调整种植结构，增加优质青粗饲料供应能力

人均耕地面积少、饲料用粮不足是我国畜牧业将长期面临的问题。提高畜产品产量必须考虑现有耕地资源的承受能力，应大力发展土地资源利用效率高的畜产品生产。奶牛生产对饲料资源的占用量与奶牛的单产水平有关，单产越高则饲料转化率越高。因此，努力提高奶牛的单产水平是我国奶业，尤其是农区奶牛业应始终坚持的技术发展方向。调整种植结构，发展与奶牛业结合的牧草、饲料作物的生产对于农区奶牛业的健康发展具有重要意义。

受长期二元结构种植习惯的影响，我国农区的优质青粗饲料生产能力不足，奶牛的粗饲料主要依靠农作物秸秆，制约了奶牛单产水平的提高，并导致了代谢病发病率升高、牛奶的乳脂率偏低等问题。发展农区牧草、饲料作物种植，将其用于奶牛日粮可以提高单位耕地面积的饲料营养物质产量，有利于提高耕地的利用效率，且牧草、饲料作物种植对肥料、人工投入的需求较少，一些牧草、饲料作物冬春季节可以生长，豆科牧草还具有固氮作用，具有减少冬春季节土地裸露和改善土壤结构的作用，再进一步说，牧草、饲料作物用于奶牛的饲料，价格较高，具有较好的经济效益。在提高奶牛优质青粗饲料供应能力方面，应积极研究推广适于不同地区种植的牧草饲料作物和种植技术，研究推广与奶牛生产结合的三元结构种植模式，建立健全牧草饲料作物良种繁育技术体系。

(二)健全奶牛良种繁育体系

实施奶牛群体遗传改良计划，建立高产奶牛核心群，开展奶牛生产性能测定和种公牛遗传评估，加快实行奶牛良种登记、标识管理制度。加强对奶牛改良工作的指导，推广人工授精、胚胎移植等繁育技术，不断提高奶牛单产水平，改善生鲜乳质量。

1. 构建高产奶牛核心群　以种牛引进、遗传资源开发利用、基础设施建设为重点，加强奶牛原良种场建设，选育高产奶牛核心群，提高核心养殖场的生产水平和供种能力。

2. 提升种公牛站生产经营能力　加大种公牛站设施改造和先进生产设备配备力度，健全种公牛遗传评定和后裔测定体系，加快推进种公牛站改制，成为自主经营、自负盈亏的经济实体，提高自主培育种公牛的能力和优质冻精供应能力。

3. 健全生产性能测定体系　加强奶牛生产性能测定中心、奶牛改良中心基础设施建设，并及时更新仪器设备，完善有关奶牛生产性能测定、品种登记和改良的技术及管理标准，奠定奶牛品种改良的技术基础，加强对奶牛改良工作的指导。

4. 完善优质冻精推广体系　加强奶牛配种站点液氮罐、液氮运输车、改良配种器材配置以及配套基础设施建设，开展人工授精技术人员培训，进一步完善奶牛优质冻精推广体系。

（三）加强奶牛饲养管理技术的普及工作

我国奶牛业长期集中在城市郊区，近几年农村奶牛饲养业发展很快。由于缺少奶牛饲养管理经验，一些农户仍然采用黄牛饲养的方法饲养奶牛，造成奶牛的产奶量多在 3 000～4 000 千克。应加强饲养管理技术的普及工作。一方面，通过技术培训，提高农户的技术水平；另一方面，加大奶牛养殖小区的推广。养殖小区模式既有利于奶牛科学饲养技术推广，又便于生产管理和奶源质量的控制。此外，加强奶牛饲料营养、兽医卫生服务体系建设，为广大奶农提供技术产品和技术服务也是普及奶牛饲养管理技术应重视的一个重要环节。

（四）发展奶源生产基地

以奶牛养殖大县为依托，带动奶源基地发展，构建稳定的奶源生产集群。加强标准化规模养殖场（小区）建设和优质饲草料基地建设，加快推进奶源基地生产方式转变。发展奶农专业合作社，提高奶农组织化程度和生产经营能力。推动龙头企业建设自有奶源基地和学生饮用奶奶源基地。

1. 增强奶牛养殖大县综合生产能力 以奶牛养殖大县为依托，发展标准化规模养殖，规范投入品使用，增强防疫服务能力，加强环境保护，从源头上保证生鲜乳质量安全。

2. 发展奶牛标准化规模养殖场（小区） 加强养殖场和养殖小区圈舍、水、电、路等基础设施建设，粪污处理、疫病防控、饲草料贮存（青贮）等配套设施建设，全混合日粮（TMR）饲养、挤奶、良种繁育、生鲜乳质量检测等设备配置，推进规模化奶牛养殖场良好农业规范（GAP）认证，提高标准化生产水平。

3. 建立优质饲草料生产基地 建立奶牛青绿饲料生产基地，示范推广全株玉米青贮，鼓励发展专业性青贮生产经营企业和大户，为奶牛养殖提供充足的青绿饲料资源。充分利用中低产地、退耕地、秋冬闲地等土地资源，大力发展苜蓿等高产优质牧草种植。有条件的地区可发展人工饲草地。

4. 发展奶农专业合作社 积极安排资金，扶持奶农专业合作社发展，发挥其为奶农提供服务和维护奶农利益等方面的作用。继续推进科技入户，开展实用技术培训，提高奶农素质。

（五）完善乳品质量安全监管体系

推进生鲜乳收购站清理整顿，规范生鲜乳收购站建设，改善基础设施条件，实行标准化、规范化经营。完善乳品质量安全标准体系，建立健全检验检测和监管体系，提高执法能力，严厉打击违禁添加行为，保障乳品质量安全。

1. 建设标准化生鲜乳收购站 支持乳制品企业、奶农专业合作社、奶牛养殖场对个体和流动生鲜乳收购站点进行改造、合并或重组，加大生鲜乳收购站挤奶设备、专用生鲜乳运输车等设施设备的更新改造力度。推进生鲜乳收购站标准化管理，配备必要的检验检测仪器设备和监控设备。

2. 完善生鲜乳质量监测体系 建立国家生鲜乳质量安全中心，健全由国家、区域、省和县四级检测机构组成的检验检测体系，提高检测能力。实施生鲜乳质量安全监测计划，开展质量安全监测和风险评估，严厉打击生鲜乳收购环节添加违禁添加物的行为。建立全国生鲜乳收购站监督管理信息系统，初步建立生鲜乳第三方检测制度。

3. 提高乳制品企业质量安全管理水平　乳制品加工企业根据原料检测、生产过程动态检测、产品出厂检测的需要，配置在线检测、快速检测及其他先进检验设备。对乳制品生产实施全程标准化管理和质量控制，实行《乳制品企业良好生产规范》（GB 12693），婴幼儿奶粉生产企业实施危害分析与关键控制点（HACCP）（GB/T 27342）管理。

4. 完善乳制品质量安全监管制度　建立和完善乳制品检验制度、产品质量可追溯及责任追究制度、问题产品召回和退市制度、食品质量安全申诉投诉处理制度。加强乳品质量安全风险评估，完善国家乳品质量安全标准体系。加强乳制品工业企业诚信体系建设。全面清理乳制品添加剂和非法添加物，严厉打击在乳制品加工中添加违禁物的行为。

（六）提升乳制品加工与流通能力

全面落实乳制品工业产业政策，严格行业准入，提升装备水平，加强冷链体系建设，培育一批骨干企业，形成资源配置合理、技术水平先进、产品结构优化、市场应对得力的现代乳制品加工与流通产业体系。

（七）加快奶业科技研发与推广应用

进一步提高奶业科技研发和应用水平，不断完善现代奶牛产业技术体系建设，加强奶业技术服务平台与推广体系建设。相关部门、大专院校、科研院所和企业，依托国家科技计划和重大工程项目，联合开展奶业领域的重大科技研发活动，加快奶业科技进步。扩大奶牛科技推广服务实施范围，大力推广科学饲养等先进适用技术。扶持奶农专业合作组织，加强生鲜乳收购、人员培训、疫病防治、良种繁育等社会化服务。

（八）加强奶牛疫病防控

坚持生产发展和防疫保护并重的方针，加强奶牛疫病防控。健全奶牛布鲁氏菌病、结核病和口蹄疫等传染病的扑杀制度。积极开展奶牛疫病的净化，提高奶牛疫病扑杀补贴金额。强化定期监测和重大传染病强制免疫，建立奶牛免疫档案。指导奶牛养殖户科学防疫，建立完善的消毒防疫制度。加强乳房炎、蹄病等常见病的防治。通过转变饲养方式、推广新疫苗和兽药等措施，逐步降低奶牛常见病的发病率。

第一章

饲料品种选择与供给模式

第一节　饲料品种选择

一、奶牛的常用饲料

（一）青绿饲料

包括青绿牧草、青刈作物、叶菜类等。主要特点是新鲜适口，水分含量大，一般为 60％～90％；粗纤维少，容易消化吸收，含有丰富的蛋白质、维生素、矿物质。青绿饲料，奶牛喜食，营养丰富，来源广泛。

（二）青贮饲料

把铡短的青粗饲料（主要为青玉米秸秆）贮入窖中密封，经乳酸菌等微生物发酵而制成的可较长时间保存的青绿多汁饲料。发酵好的青贮饲料保持密封状态，可贮存 10 年左右。该饲料柔软多汁、气味酸甜芳香、养分损失少，是冬春枯草季节奶牛不可缺少的好饲料。青玉米最适宜的收割时间是 8 月底 9 月初、初霜前、植株下 1/3 部分叶片变黄。若植株 3/4 部分叶片变黄，青贮时需加水约 10％。若植株全绿或用开花期苜蓿、草木樨、燕麦及嫩绿沙打旺青贮，可割倒晾晒 1 天凋萎后再青贮。青贮经 30～40 天即可完成，踩实的青贮每立方米为 500～650 千克。青贮饲料要随喂随取，喂时要逐层取，暖春时取料厚度每天不少于 8～15 厘米。发霉变质的不能喂，冰冻的要融化后再喂。奶牛每次最多可喂 10～25 千克，碱化处理后可多喂。方法是用 3％～

5％石灰水 100 千克，加 10 千克石灰液处理。

（三）粗饲料

干物质中粗纤维含量大于或等于 18％的饲料统称粗饲料。粗饲料主要包括干草、秸秆、青绿饲料、青贮饲料 4 种。

1. 干草 为水分含量小于 15％的野生或人工栽培的禾本科或豆科牧草，如野干草（秋白草）、羊草、黑麦草、苜蓿等，以苜蓿干草和青干草常见。苜蓿干草是指现蕾期收割晒制，含完全价值粗蛋白质 16％左右，粗纤维 29％左右，富含钙、磷、胡萝卜素、维生素 D，喂时注意限量，以防过食瘤胃膨胀。青干草由青草或其他青饲料割下晒制而成。青干草质量差异较大，一般豆料干草含粗蛋白质 10％～20％，草原混合青干草含粗蛋白质 8％，并含有较多的钙和胡萝卜素。

2. 秸秆 包括农作物收获后的秸、藤、蔓、秧、荚、壳等，如玉米秸、稻草、谷草、花生藤、甘薯蔓、马铃薯秧、豆秸、豆荚等。有干燥和青绿两种。玉米秸秆是指收获果穗后的玉米秆。收获青玉米的玉米秆，茎叶大部分保持绿色，好于收获籽粒的玉米秆。含粗蛋白质 5％左右。喂时要切短或压缩成块，皮壳类秸秆，如豆类皮壳，含粗蛋白质 10％左右，使用时粉碎较好。

3. 青绿饲料 为水分含量大于或等于 45％的野生或人工栽培的禾本科或豆科牧草和农作物植株，如野青草、青大麦、青燕麦、青苜蓿、三叶草、紫云英和全株玉米青饲等。

4. 青贮饲料 是以青绿饲料或青绿农作物秸秆为原料，通过铡碎、压实、密封，经乳酸发酵制成的饲料。含水量一般在 65％～75％，pH 4.2 左右。含水量 45％～55％的青贮饲料称为低水分青贮饲料或半干青贮饲料，pH 4.5 左右。

5. 粗饲料调制与利用

（1）切短、粉碎。可提高秸秆的利用率，减少浪费，同时利于奶牛采食也利于消化。要求切短至 1.5～2.5 厘米，如粉碎直径为 12～15 毫米，过筛喂奶牛效果更好。

（2）碱化处理。用1%生石灰或3%熟石灰水将切短的秸秆浸泡3～5分钟，捞出控干后，经过24小时堆放即可饲喂奶牛。碱化后的秸秆可提高消化率，提高适口性。用过的石灰乳一般浓度为0.25%～0.5%，可添加石灰到一定浓度再用。石灰乳发臭后不能再用。喂时应由少到多让奶牛逐渐适应。碱化处理主要用于粗硬的麦秸类处理。

（3）氨化法。秸秆中存在尿素酶，尿素在酶的作用下分解出氨，氨对秸秆起氨化作用。方法是每100千克切短的秸秆喷洒40千克尿素溶液（内含尿素3～5千克）装窖（也可装一层喷一层），层层压实，窖内铺0.2毫米厚塑料膜，四周重叠卷包严实，用土压紧封闭，进行氨化。氨化期间经常检查塑料布不破损漏气。环境温度15～30℃需7～28天，5～16℃需28～56天。喂时从窖一边取用，禁止全部打开。取出的氨化秸秆要通风晾1～3天，待氨气味散发后再喂奶牛。喂时由少到多，逐渐增量。10天后所喂青贮饲料可占粗饲料绝大部分，这种处理可提高麦秸的消化率，可使粗蛋白质由4%增到12%左右。

（四）多汁饲料

干物质中粗纤维含量小于18%，水分含量大于75%的块根、块茎、瓜果、蔬菜类，及粮食、豆类、块根等湿加工的副产品即糟粕料称多汁饲料。胡萝卜、萝卜、甘薯、马铃薯、甘蓝、南瓜、西瓜、苹果、大白菜、甘蓝叶属能量饲料，糟粕料中的淀粉渣、糖渣、甜菜渣、酒糟属能量饲料；豆腐渣、酱油渣、啤酒糟属蛋白质补充料。

胡萝卜、甜菜、马铃薯等水分含量高达90%以上，鲜嫩适口，纤维素少，消化率高，淀粉、糖、维生素含量高，蛋白质和矿物质含量低。有助于消化吸收，催奶、增奶，是奶牛喜食的饲料。胡萝卜富含胡萝卜素，含较多钙、磷、铁等物质，马铃薯含淀粉较多，甜菜含糖量较高。非常适于饲喂怀孕母牛和幼牛。

（五）精饲料

干物质中粗纤维含量小于 18％（CF/DM＜18％）而营养丰富的饲料统称为精饲料。精饲料又分为能量饲料和蛋白质饲料。

1. 能量饲料 指干物质中粗纤维低于 18％，而粗蛋白质低于 20％的饲料，包括禾草科籽实及副产品，如玉米、大麦、高粱、燕麦、莜麦、小麦麸、米糠等。能量饲料主要供给奶牛能量，因此饲喂时要搭配蛋白质饲料，补充钙和维生素，使日粮养分满足奶牛需要。糠麸类体积大，粗纤维含量高，粗蛋白质含量高于原籽实，适口性好，但有轻泻作用，B 族维生素丰富，钙少磷多，要尽量在奶牛日粮中配合饲用，但用量不宜太多，高产奶牛要限制喂量。能量饲料要粗磨粉碎，一般碎度为 2 毫米。

2. 蛋白质饲料 指干物质中粗蛋白质含量在 20％以上，粗纤维含量在 18％以下的饲料。包括大豆、豆饼（粕）、亚麻饼（粕）、花生饼（粕）、棉籽及饼（粕）、鱼粉等。

蛋白质饲料主要有豆类、胡麻饼（粕）和菜籽饼。胡麻饼含粗蛋白质 32％以上，日粮中占 20％～30％为宜，可粉碎或单独浸泡后饲喂。菜籽饼含粗蛋白质 34％～38％，由于含有芥子苷的毒素硫氰酸素，用量不宜太大，否则容易中毒。胡麻饼、菜籽饼用时可用 100 ℃热水或冷水浸泡 6～12 小时，不可用温水浸泡，以防止中毒。经浸泡的菜籽饼将上浸液去掉可减少毒性。

豆类主要包括大豆、豌豆、蚕豆，含粗蛋白质 30％左右，是奶牛的理想饲料，但价格较高，不普遍用作饲料。豆类籽实饲料最好熟喂，可水泡后笼蒸或水煮开锅即可，或炒至放气为止。因豆类籽实含抑蛋白酶原成分，所以要高温处理，以使其失去活性。棉籽饼因含有游离棉酚，大量饲喂奶牛，奶牛易中毒，所以使用时应先进行处理，方法同菜籽饼。

（六）矿物质饲料

可供饲用的天然矿物质，称矿物质饲料，以补充钙、磷、镁、钾、钠、氯、硫等常量元素（占体重 0.01％以上的元素）

为目的，其特点是营养单纯、用量小，但不可缺少。主要包括食盐、骨粉、石粉、碳酸钙、磷酸钙、磷酸氢钙、贝壳粉，硫酸镁等。

（七）饲料添加剂

为补充营养物质、调节体内代谢、抗病、提高免疫力、提高生产性能、提高饲料利用率、改善饲料品质、促进生长繁殖、保障奶牛健康而掺入饲料中的少量或微量营养性或非营养性物质，这些物质称为饲料添加剂。奶牛常用的饲料添加剂主要有：维生素添加剂，如维生素 A、维生素 D、维生素 E、烟酸等；微量元素（占体重 0.01％以下的元素）添加剂，如铁、铜、锌、锰、钴、硒、碘等；氨基酸添加剂，如保护性赖氨酸、蛋氨酸；瘤胃缓冲、调控剂，如碳酸氢钠、脲酶抑制剂等；酶制剂，如淀粉酶、蛋白酶、脂肪酶、纤维素分解酶等；活性菌（益生素）制剂，如乳酸菌、曲霉菌、酵母制剂等；饲料防霉剂，如双乙酸钠等；抗氧化剂，如乙氧喹（山道喹）可减少苜蓿草粉胡萝卜素的损失。二丁基羟基甲苯（BHT）、丁羟基茴香醚（BHA）均属油脂抗氧化剂。

（八）添加剂预混料

添加剂预混料是由一种或数种添加剂微量成分组成，并加有载体和稀释剂的混合物，如维生素预混料、微量元素预混料及维生素和微量元素预混料。维生素和微量元素预混料，一般配成 1％添加量（占混合精料的比例）。

（九）料精及浓缩料

料精由添加剂预混料成分（如维生素和微量元素）及补充钙、磷的矿物质，骨粉和食盐混合组成，可配成 5％添加量（占混合精料的比例）。

浓缩料由料精成分（维生素、微量元素添加剂，及补充钙、磷的矿物质，骨粉和食盐）与蛋白质补充料、瘤胃缓冲剂等混合组成的。即混合精料中除能量饲料以外的饲料成分，加上能量饲料（玉米、麸皮）即为混合精料，一般配成 30%～40%添加量（占混合精料的比例）。

（十）精料混合料（混合精料）

将谷实类、糠麸类、饼粕类、矿物质、动物性饲料、瘤胃缓冲剂及添加剂预混料按一定比例均匀混合，称精料混合料或混合精料。在实际生产中，奶牛的饲料包括粗饲料、精料混合料和多汁饲料 3 种。

（十一）全混合日粮（TMR）

根据牛群的营养需要，按照日粮配方，将粗饲料、精料混合料、多汁饲料等全部日粮用搅拌车进行大混合，称全混合日粮（TMR）。

二、奶牛的营养需求

（一）奶牛消化特点

牛是反刍动物，采食时不需充分咀嚼就吞咽，采食量大，进食快，饱食后很长时间进行反刍，即将胃内食团重呕回口腔反复细嚼。反刍时间，一昼夜 6～8 小时。牛胃分四室，即瘤胃、网胃、瓣胃、皱胃，皱胃也称真胃，只有真胃分泌消化液。瘤胃是第一胃，胃壁发达，容积非常大，成年奶牛可达 250 升，是肉用役牛的 2.5 倍，瘤胃占胃总容积的 78%～85%，所以，要想养好奶牛，就必须发挥瘤胃功能、创造稳定的瘤胃内环境。瘤胃第一功能是机械性功能，靠发达的胃壁肌肉和乳头收缩松弛节律性蠕动，对食物进行浸润、软化、拌和、揉磨，再加长时间反刍与唾液充分混合，对饲料进行初步的加工消化。瘤胃第二功能是在良好的胃液环境下，大量有益的细菌和纤毛虫通过增殖、生长，对饲料发酵分解，并可形成大量菌体蛋白。这些菌体蛋白属内源性的营养，对奶牛的营养至关重要。瘤胃内 pH 必须保持在 7～7.5，必须科学喂给。

1. 要满足奶牛大量采食的需要，给予足够的干物质量，每天摄食干物质量为活体重的 3％～4％。

2. 饲料必须以粗料为主，尤其是优质粗饲料，以保持瘤胃环境。泌乳盛期粗纤维含量不少于 15％，其他阶段不低于 17％，后期 20％以上。精饲料的补给量对瘤胃环境影响很大，一般应掌握精料粗料的比例，分娩前期 40：60，泌乳盛期 60：40，泌乳中期为 50：50，泌乳后期 30：70，干乳期 25：75，并保证适当的粗蛋白质水平和足够的能量来源。

3. 注意饲料质量，并补充矿物质、维生素及食盐。每天每 100 千克体重应供给食盐 5 克，每产 1 千克奶加 2～3 克。应经常应用缓冲剂，如小苏打、氧化镁，调整 pH，特别是精料及青贮喂量较多时更应注意。

4. 应养成良好的饲养习惯，即按时饮喂，定时定量。

（二）营养物质的主要作用及其缺乏症

奶牛需要的营养物质，主要从食入的饲料中消化吸收获取。主要营养物质有水、粗蛋白质、碳水化合物、脂肪、矿物质及维生素。

1. 水　水缺乏时，奶牛被毛粗糙，食欲下降。奶牛每天应饮水 60～100 升，饮水量与环境温度、饲料种类及生产状况有关，因此要提供充足的清洁饮水。夏季应设水槽，让奶牛自由饮用。饲料中含有一定量水分，一般干草、枯草及精料中含水量为 10％～15％，多汁饲料 70％～90％。日粮中水分含量过高，会降低干物质采食量，导致总养分供给不足。饲料加水拌喂时，尽量要少加水，以便让奶牛采食后多饮水。

2. 蛋白质　蛋白质是生命的基础，是构成家畜体的主要成分。肌肉、内脏、皮毛、血液、牛奶、胎儿及各种组织、腺体主要由蛋白质组成。生命活动所必需的激素、抗体、酶系统等物质的主要成分也是蛋白质。蛋白质供给不足时奶牛会出现一系列不良症状，如被毛粗糙、活动力差、精神不振，影响奶牛发育、受孕，胎儿发育受阻，甚至造成死胎、流产，幼畜生长发育缓慢或停滞，成年奶牛产奶量下降。免疫功能下降，抗病力弱，发病率升高，代谢系统紊乱，消化功能失调。

奶牛蛋白质来源：一是靠瘤胃环境降解产生，但大部分靠食入的饲料供给。饲料中粗蛋白质经过消化分解为氨基酸，进入血液中运输至各部位，通过体内加工重新合成各种体蛋白质。而合成蛋白质需要 20 多种氨基酸，一部分体内能合成称为非必需氨基酸；另一部分氨基酸体内不能合成，但又不可缺少，必须从饲料中粗蛋白质获取，称为必需氨基酸。饲养上评定蛋白质品质的高低，主要以含 8 种必需氨基酸的多少来确定的，即蛋白质生物学价值。蛋白质生物学价值越高，必需氨基酸含量越多，可消化蛋白质利用率越高。各种饲料中蛋白质含量不同，蛋白质生物学价值也不同。因此，饲养奶牛一般用配合饲料可起到互补作用。日粮中多以豆科牧草、豆科籽类和饼类饲料及鱼粉等动物性饲料提供蛋白质，这些饲料中不但粗蛋白质含量高而且生物学价值也高。日粮中若蛋白质长期供给不足，奶牛就会分解自体组织蛋白，用于胎儿发育或产奶，严重影响奶牛健康，最终产奶量下降或停止，胎儿发育停止或流产，母牛发生疾病或死亡，饲养上称为"负蛋平衡"。

3. 碳水化合物　主要用于提供能量，用于奶牛生命活动维持体温、泌乳、妊娠、组织合成及修复等。日粮中主要成分，包括淀粉、糖和粗纤维。含糖和淀粉最高的主要是禾本科籽实，尤以玉米能量最高，马铃薯、胡萝卜等块根类饲料中含量也很高。粗纤维主要存在于干草、秸秆及糠壳中。奶牛瘤胃中微生物能将粗纤维分解为挥发性脂肪酸，为奶牛提供大量的能量。能量供给不足时奶牛必然动用体组织贮备来满足需要，这样会导致掉膘，即"能量负平衡"，泌乳奶牛能量不足时会引起产奶量下降、乳脂率降低、体重减轻。青年母牛能量不足时，生长缓慢，体形消瘦，发情推迟等。体内能量多余时，被转化为脂肪贮存于体内。奶牛日粮中应含有足够的能量，尤其是围生期前后，泌乳初期需较高的能量，同时要控制体膘下降，以达到和维持理想的泌乳高峰。

4. 脂肪　脂肪的主要作用是为奶牛供应能量，溶解维生素 E、维生素 D、维生素 A、维生素 K，从而被奶牛吸收利用。一般日粮中含脂肪 3%～4%，已能满足奶牛需要。在某种情况下，用于改善牛乳脂率需要时可添加脂肪，但饲喂过多菜籽饼可降低乳脂率。

5. 矿物质　矿物质是构成家畜骨骼的组成部分，也是家畜体液的重要成分。对奶牛的生长发育、各组织的补充、泌乳、繁殖、体液分泌都有十分重要的作用。特别是高产奶牛，要消耗大量的矿物质，所以必须重视日粮矿物质的补给。饲料作物种植的地块不同，种植方法和加工方法不同，其矿物质含量也不相同。奶牛矿物质元素有两类：一类是需要量较大的元素，即常量元素，主要有钙、磷、钾、钠、镁、硫、氯，另一类是奶牛需要量很小，但作用又很大，且不可缺少的微量元素，即铁、铜、锰、锌、钴、碘、硒、铬。缺少这些元素时，奶牛会出现一系列症状。添加该类元素时，一般不计算饲料中的含量，而是完全按奶牛需要标准在日粮中添加，可以选用市场产品按说明上的剂量添加。

6. 维生素　维持家畜正常生长、繁殖、生产以及健康所必需的微量化合物。维生素不足会引起奶牛代谢紊乱，产奶量下降，繁殖障碍等多种疾病。重要的维生素有两大类：一类是脂溶性维生素，有维生素 A、维生素 D、维生素 E、维生素 K。奶牛体内不能合成维生素 A，需从饲料中获得或添加获得，紫外线照射皮肤能少量合成维生素 D，可在日粮中添加。体内不能合成，维生素 E，需在日粮中补充，且与繁殖机能密切相关。瘤胃、小肠内细菌群落可提供维生素 K，日粮中可不补充。另一类是水溶性维生素，该类维生素奶牛瘤胃中能合成，主要有维生素 C 和 B 族维生素。一般水溶性维生素饲料中不易缺乏，日粮中不必考虑补充。

三、泌乳牛各阶段营养需要

（一）泌乳前期（包括围生期和泌乳盛期）

日粮中每千克干物质营养物质含量，产奶净能为 7.28～7.53 兆焦，粗蛋白质 18%，粗纤维 15%，钙 0.81%，磷 0.58%，钙、磷比例为 1.5：1。不同产奶量对日粮每千克干物质营养物质含量的要求见表 1-1。产后 1～3 周应加强饲养。一般分娩后 2～3 周至 100 天之内，奶量上升，以"料领着奶走"，至奶量不再上升或奶牛有饱感为止。混合料喂量达体重 2.3%左右时，可持续一段时间，但不超过 30 天，精粗比例为 60：40～70：30。但要慎防奶牛体重过分降低，体重下降最多的奶牛其产犊间隔和再配间隔会延长。因此，产后应尽早补料，特别是蛋白质饲料足量供应。当饲料中总能量不足，奶牛大量动用体脂自体消耗时，易出现酮血病。生产中泌乳 2～3 个月时，常会出现泌乳量猛烈下降的现象，大多是因为奶牛体内贮存能量耗尽，饲料能量又供不上所致。

当泌乳牛日粮精料过多，其粗纤维为 12%～14.5%时，为了保持瘤胃的正常环境和消化机能，防止前胃弛缓和乳脂下降，应加缓冲剂，碳酸氢钠 1%～1.5%，氧化镁 0.5%～0.8%。

（二）泌乳中期（产后 101～210 天）

此阶段泌乳高峰已过，干物质进食量进入高峰。故奶牛体重开始增加，此期间奶量月下降幅度为 6%～10%，不太明显。此阶段奶牛所需养分除满足维持和产奶需要外，多余营养用于恢复失去的体重。若营养平衡，泌乳保持平衡，奶量渐降，则以"料跟奶走"，混合精料可渐减，延至 5～6 个泌乳月时精粗比例为 50：50～45：55。

日粮每千克干物质含量：产奶净能 7.53 兆焦，粗蛋白质 17%，粗纤维 15%～17%，钙为 0.91%，磷 0.64%，钙、磷比为 1.42：1。

（三）泌乳后期（高峰后 210 天至干乳前）

此期母牛已进入妊娠中后期，营养需要有 5 个方面：即维持需要、泌乳需要、修复体组织需要、胎儿生长需要、妊娠组织需要。此期奶牛营养需要量增加，体重增加高于泌乳中期，每天增重 500～700 克。泌乳前期体重下降的 35～50 千克，要尽量在泌乳中期和后期得到恢复。泌乳后期虽然产奶量逐渐下降，但更要注意饲料配合的适口性，注重青粗料质量，以保持奶牛食欲旺盛和身体健康，争取奶量平稳下降。

表 1-1　不同产奶量对日粮每千克干物质营养物质的含量的要求

产奶量 〔千克/（天·头）〕	产奶净能 （兆焦）	粗蛋白质 （%）	粗纤维 （%）	钙 （%）	磷 （%）
30	6.778	16.0	17.4	0.6	0.4
25	6.778	15.8	18.7	0.6	0.4
22	6.36	15.0	19.7	0.7	0.5

四、奶牛日粮配合

（一）奶牛日粮配合原则

日粮即一昼夜喂给奶牛的饲料。配合日粮是按照国家制定的奶牛饲养标准中各营养成分的数量，根据奶牛年龄、体重、生长发育以及生产情况，如怀孕、产奶等所处各阶段科学的选择饲料种类进行配比而制成的日粮。日粮中所选的饲料成分不仅要完全满足奶牛需要，还要有一定的数量、体积，尤其是要保证干物质含量，既要保证奶牛能吃得下，又要保证营养需要。一般以奶牛每 100 千克体重，给予 3～4 千克干物质进行估算。日粮组成应尽可能多样化，营养全面，适口性好，切忌有什么喂什么，饲料单一，营养不全。同时，应注意奶牛生产不同阶段的粗料与精料比例。一般应先考虑供给优质性饲料，每 100 千克体重，供给奶牛 1 千克干草和 3 千克青贮饲料，不足部分用精料补足。同时，注意钙、磷比例和食盐供给。每个生产阶段都应保证日粮稳定。

（二）奶牛饲养标准

成年母牛维持的营养需要见表1-2，奶牛每产1千克奶的营养需要见表1-3。

表1-2 成年母牛维持的营养需要

体重（千克）	日粮干物质（千克）	奶牛能量单位（个）	产奶净能（兆焦）	可消化粗蛋白质（克）	粗蛋白质（克）	钙（克）	磷（克）	胡萝卜素（毫克）	维生素A（国际单位）
350	5.02	9.17	28.79	243	374	21	16	37	15 000
400	5.55	10.13	31.80	268	413	24	18	42	17 000
450	6.06	11.07	34.73	293	451	27	20	48	19 000
500	6.56	11.97	37.57	317	488	30	22	53	21 000
550	7.04	12.88	40.38	341	524	33	25	58	23 000
600	7.52	13.73	43.10	364	559	36	27	64	26 000
650	7.98	14.59	45.77	386	594	39	30	69	28 000
700	8.44	15.43	48.41	408	628	42	32	74	30 000
750	8.89	16.24	50.96	430	661	45	34	79	32 000

表1-3 每产1千克奶的营养需要

乳脂率（%）	日粮干物质（千克）	奶牛能量单位（个）	产奶净能（兆焦）	可消化粗蛋白质（克）	粗蛋白质（克）	钙（克）	磷（克）
2.5	0.31～0.35	0.80	2.51	44	68	3.6	2.4
3.0	0.34～0.38	0.87	2.72	48	74	3.9	2.6
3.5	0.37～0.41	0.93	2.93	52	80	4.2	2.8
4.0	0.40～0.45	1.00	3.14	55	85	4.5	3.0
4.5	0.43～0.49	1.06	3.35	58	89	4.8	3.2

注：①对第1个泌乳期的维持需要在表1-2的基础上增加20%，第2个泌乳期增加10%。②如第1个泌乳期奶牛的年龄和体重过小，则应按生长牛计算实际增重的营养需要。③放牧运动时，须在表1-3的基础上增加能量需要量，按放牧饲养中的说明计算。④在环境温度低的情况下，维持能量消耗增加，须按温度变化增加需要量。⑤泌乳期间，每增重1千克需增加8个奶牛能量单位和500克粗蛋白质；每减重1千克需扣除6.56个奶牛能量单位和385克粗蛋白质。

（三）奶牛日粮配合基本步骤

1. 营养要求 奶牛所需的营养量取决于下列因素：体重、年龄（胎次）、奶产量（泌乳期）、乳成分、妊娠期（怀孕天数）。上述因素也可简单归为两大类：维持基础代谢、产奶。$24\sim26$月龄产第1胎的奶牛还处在生长阶段，因此到它完全成熟之前还需要营养来支持其生长。通常第1泌乳期奶牛维持基础代谢的总营养量（除维生素外）需要增加20%，第2泌乳期需要增加10%。妊娠最后两个月的干乳期奶牛对营养没有什么特殊要求。通常维持基础代谢的营养已包含了干乳期奶牛需要的全部营养。泌乳期前$8\sim10$周，奶牛体重会下降（每天约下降250克）。奶牛通过动员体脂补充部分能量和蛋白质用于牛奶生产。泌乳早期奶牛每天动员体脂消耗近4.23兆焦产奶净能和145克蛋白质，泌乳后期奶牛又重新积累体脂。因此，泌乳早期动员消耗的体脂和蛋白质必须在泌乳后期的日粮中弥补上。根据奶牛的体重、胎次和产奶性能，从饲养标准中查出营养需要量，包括干物质、奶牛能量单位（产奶净能）、蛋白质（有条件的应包括可消化粗蛋白质、代谢蛋白质、瘤胃降解蛋白、过瘤胃蛋白）、粗纤维（有条件的以中性洗涤纤维为宜）、非纤维性碳水化合物、矿物质及维生素需要量。

2. 确定日粮精粗料比例 奶牛能够吃多少饲料就应该喂给多少饲料。但奶牛能够吃进的粗饲料的量是有限的。正常情况下，不喂精饲料时奶牛最多能够采食其体重的2.5%高质粗饲料干物质。例如，体重600千克的奶牛最多可以吃：$600\times2.5\%=15$千克粗饲料干物质。对低质粗饲料，奶牛会相应减少采食量。精饲料饲喂量足够时，畜群平均粗饲料干物质的消耗量约是其平均体重的1.8%。可根据产奶量将畜群分组，高产组奶牛的粗饲料干物质平均消耗量是其平均体重的1.6%，而低产组奶牛的粗饲料干物质消耗量是其平均体重的2.0%。高产奶牛粗饲料饲喂量比低产奶牛少，因为高产奶牛需要更多的精饲料以满足其对能量和蛋白质的需求。一般要求粗饲料干物质至少应占奶牛日粮总干物质的40％～50％。粗饲料量确定后，再计算各种粗饲料所提供的能量、蛋白质等营养量。所用饲料的营养成分最好每次均能进行测定，因饲料成分及营养价值表所提供的饲料成分及营养价值是许多样本的均值，不同批次原料之间有差异，尤其是粗饲料。测定的项目至少应包括干物质、粗蛋白质、钙和磷。

3. 确定精料配方 从营养需要量中扣除粗饲料提供的部分，得出需由精料补充的差值，并通过计算机或手工计算，在可选范围内，找出一个最低成本的精料配方。

4. 确定添加剂配方及添加量 除矿物质和维生素外，一些特殊用途的添加剂也由此确定和添加。

（四）奶牛日粮配合

根据奶牛具体情况及所处阶段，可以科学地计算出饲料数量和种类，加以合理搭配并制订出理想的配方。奶牛日粮配合的方法很多，有试差法、四角法、电脑配料法等。现以四角法为例进行说明。

以1头体重500千克，处于怀孕初期，日产标准乳20千克，舍饲饲养的奶牛为例，其配合日粮的方法如下：

1. 选配饲料 自定粗饲料日量。假定喂青干草2千克，青贮玉米15千克，玉米秸压块3千克，由此获得营养见表1-4。

表1-4 粗饲料用量及养分含量

饲料（块）	用量（千克）	干物质（千克）	奶牛能量单位（个）	粗蛋白质（克）	钙（克）	磷（克）
玉米压块	3	2.7	4.47	180	15	5
青贮玉米	15	3.3	5.4	240	15	8
草原干草	2	1.8	2.0	148	6	3.6
粗料合计	20	7.8	11.87	568	36	16.6

2. 体重500千克奶牛饲养标准（维持量） 表1-5。

表 1-5　体重 500 千克奶牛饲养标准（维持量）

体重 （公斤）	干物质 （千克）	奶牛能量 单位（个）	粗蛋白质 （克）	钙 （克）	磷 （克）
500	6.56	11.97	488	30	22

查乳脂 4% 标准乳营养需求

产奶 （千克）	干物质 （千克）	奶牛能量单 位（个）	粗蛋白质 （克）	钙 （克）	磷 （克）
20	9	20	1 700	90	60

标准需求

合计	15.56	31.97	2 188	120	82

因早春舍饲环境温度可视为 0 ℃，能量需消耗补充，增加 15%，11.97×15% 约为 2 个 NND，总数为 34 个 NND。

3. 粗饲料获得营养与标准需求相比较　见表 1-6。

表 1-6　粗饲料获得营养与标准需求

项　　目	干物质 （千克）	奶牛能量单 位（个）	粗蛋白质 （克）	钙 （克）	磷 （克）
标准需求	15.56	34	2 188	120	82
粗料提供	7.8	11.87	568	36	16.6
相比	−7.76	−22.13	−1 620	−84	−65.4

4. 四角法　配料是以饲料的蛋白能量比，即粗蛋白质与奶牛能量比来测算的，由表 1-6 可知，仅靠粗料不能满足奶牛对各种营养成分的需求，必须通过选配精料混合料加以补充，拟配的混合料粗蛋白质与能量之比为 1 620/22.13=73.2。假定现有的精料原料为玉米、小麦麸、胡麻饼。它们的蛋白能量比查成分表可知。

玉米=86/2.28=37.7

麸皮=144/1.91=75.4

胡麻饼=331/2.44=135.7

5. 用四角法算出各种精料用量　将选配的精料原料的蛋白

能量比置于四角法左侧，拟配的混合料蛋白能量比放于中间，在对角线上做减法（用大数减小数），得数为相对应的饲料所占有的份数。然后再算出各自所用的数量。

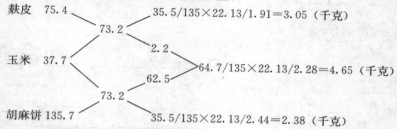

麸皮　75.4　　　　　　35.5/135×22.13/1.91＝3.05（千克）

　　　　73.2

　　　　　　2.2

玉米　37.7　　　　　64.7/135×22.13/2.28＝4.65（千克）

　　　　62.5

　　　　73.2

胡麻饼 135.7　　　　35.5/135×22.13/2.44＝2.38（千克）

6. 验算精料混合料养分量　见表1－7。

表1－7　精料混合料养分量

饲料	用量（千克）	干物质（千克）	奶牛能量单位（个）	粗蛋白质（克）	钙（克）	磷（克）
玉米	4.64	4.1	10.58	399	3.71	9.74
麸皮	3.02	2.68	5.79	436	5.45	23.63
胡麻饼	2.36	2.17	5.76	781	13.67	18.17
合计	10.02	8.95	22.13	1 616	22.83	51.54
与表1－6相比		＋1.19	0	－4	－61.17	－13.86

由表1－7可知，干物质和奶牛能量及粗蛋白质已基本满足奶牛营养，已达到要求。钙和磷还缺一些，所缺的钙、磷用磷酸氢钙加以补充。

磷酸氢钙用量＝61.17/0.28（每克磷酸氢钙中含钙量）＝0.218千克

混合精料中另加1.5％食盐，合0.15千克

另加1％的添加剂预混合料0.10千克

7. 奶牛日粮配方（千克）

玉米秸压块　3　　　胡麻饼　2.36　　　青贮玉米　15

麸皮　3.03　　　　草原混合干草　2　　食盐　0.15

玉米　6.64　　　　磷酸氢钙　0.235　　添加剂　0.10

此外，为维护瘤胃环境，每天日粮加喂 100 克小苏打，50克氧化镁。

五、不同泌乳时期主要营养指标

阶段日粮营养比例见表 1-8。

表 1-8　阶段日粮营养比例

泌乳阶段（天）	干物质量（千克）	粗蛋白质（克）	粗纤维（%）	奶牛能量单位（个）	钙（克）	磷（克）	精粗比例	混合精料（千克）
8~15	3	13	17	2.2~2.3	130~150	80~100	40：60	10~15
16~101	3.5	16~18	15	2.4	0.7	0.45	60：40	15 以下
102~200	3~3.2	13	17	2.13	0.45	0.4	40：60	10~8
201 至干乳	3~3.2	12	20	2	0.45	0.35	30：70（每月递减）	5~8（每月递减）

表 1-8 中养分为每千克干物质含有的百分数。

10~15 天混合精料中饼粕类应占到 30% 以上，每天每头可补喂鱼粉 300~500 克。

16~101 天每天每头加喂小苏打 120 克，氧化镁 60 克，补充维生素 A 50 000 国际单位、维生素 D 36 000 国际单位、维生素 E 1 000 国际单位、胡萝卜素 300 毫克。

六、体重 600 千克日产标准乳 18 千克
日粮配方（仅供参考）

干草　3 千克　　　青贮饲料（玉米）　　玉米　4 千克
　　　　　　　　　25 千克

麸皮　2.5 千克　胡麻饼　1 千克　　豆饼　0.5 千克（80 克尿素可代替）

鱼粉　0.16 千克　骨粉　0.3 千克　　含盐（按精料 1.5%）0.12 千克

总计　36.58 千克

第二节 饲料供给模式

一、奶牛消化器官的特点

奶牛的消化器官由口腔、食道、胃、小肠等部分组成，与消化有关的腺体有唾液腺、肝、胰腺和胆囊等。

牛口腔中的唇、齿和舌是主要的摄食器官。牛口腔没有上切齿和犬齿，而是由坚韧的齿板代替了上切齿，牛舌长且灵活，所以牛吃草、采食是靠上牙床和下切齿、嘴唇和舌的配合实现的。

牛的唾液腺由 5 个成对的腺体（腮腺、颌下腺、臼齿腺、舌下腺、颊腺）和 3 个单一腺体（腭腺、咽腺、唇腺）组成。它们的分泌液的混合物即为唾液。唾液除了具有通常的湿润饲料、杀菌、保护口腔作用外，牛的唾液中还含有氮（尿素和黏蛋白）、钠和磷，具有弱碱性的缓冲作用，对维护瘤胃酸碱度（pH）有重大作用，并为瘤胃微生物提供丰富的养分。给奶牛饲喂优质粗饲料，能刺激唾液的分泌，稳定瘤胃的 pH，有利于维持瘤胃内环境的正常，防止瘤胃膨胀，且有利于提高乳脂含量。

牛有 4 个胃，网胃、瘤胃、瓣胃、皱胃。牛胃中的内容物占整个消化道的 68%～80%。瘤胃占 4 个胃容量的 80% 以上。瘤胃壁由强大的纵形环状肌肉组成，能强烈地收缩与松弛，能有节奏性地蠕动，完成搅拌其内食物的功能；胃黏膜上有许多乳头状突起，背囊部有特别发达的"黏膜乳头"以揉磨食物；瘤胃内存在着具有大量共生关系的纤毛虫、细菌，它们对饲料中的纤维素、蛋白质的分解及无机氮的利用起着重要的作用。瘤胃微生物还能合成大多数 B 族维生素。所以，人们通常将瘤胃称为"饲料发酵罐"。网胃协调牛的反刍，促使瘤胃食物倒回食道，并将瘤胃内容物送入瓣胃。瓣胃的主要功能是对食糜进一步研磨，然后送入皱胃。牛的皱胃又称真胃，皱胃的作用与单胃动物的胃相似。肠道的功能与单胃动物也相似，具有进一步消化和吸收食物营养的作用。

二、奶牛反刍的特点

反刍是牛的重要消化特性。牛采食饲草时，不经精细咀嚼，即食入瘤胃。此后，牛休息时，牛各胃室有节律的收缩，使吃下的食糜返回至食管，液体回入胃内。粗糙的食物回到嘴中后被再次咀嚼，与唾液搅拌后再次咽下。奶牛的反刍通常是在饲喂结束后 20～30 分钟出现。每个食团经逆呕、咀嚼到吞咽的时间为 40～50 秒。正常情况下，成年牛每天有 10～15 个反刍周期，每个反刍周期约持续 0.5 小时，一天的反刍时间长达 8 小时。纤维素含量高的饲料，反刍的时间也长些。反刍有利于饲料的物理消化和唾液分泌，有利于抑制瘤胃 pH 的降低。当牛患病、劳累过度、饮水不足或饲料品质不良时，反刍则减少或停止。

三、奶牛每天的采食量

奶牛进食饲料的多少直接影响其生产性能的发挥。牛通过摄食饲料获得养分。如果饲料的有效养分浓度过低，即使牛能采食到足够的干物质，也不能获得足够的养分，生产性能就得不到充分发挥。当然日粮干物质采食不足，更易引起养分采食不足，出现代谢负平衡。奶牛在产犊至泌乳高峰期间，往往由于干物质采食不足，导致牛的营养缺乏，使牛体偏瘦。

影响奶牛日粮干物质进食量的主要因素有年龄、体重、生产能力、泌乳阶段、环境、气温、饲料组成和饲料品质等。而最主要的是牛的体重、产奶量和饲料水分含量的影响。因此，生产中必须以日粮干物质的进食量来衡量牛一天能吃多少饲料。对于产奶牛，简单的粗略表示法是每千克泌乳牛体重每天需 24～32 克干物质，或以公式表示为：

干物质采食量（千克/天）
　　＝0.025×体重（千克）＋0.1×日产奶量（千克）

上式的增减幅度为 2%。

四、奶牛饲料供给模式

第一，奶牛进食主要以草为主，草主要由纤维组成，也为奶牛提供大量营养。牛有容积很大的瘤胃，胃内有大量微生物，1毫升瘤胃液中有 $10^9 \sim 10^{10}$ 个细菌和 10^6 个原生动物（纤毛虫），这些微生物能产生分解纤维素和半纤维素的酶，把复杂的纤维素和半纤维素及其他多糖分解为单糖，单糖又被瘤胃微生物作为能源利用。因此，饲草在瘤胃内的最终产物是乙酸、丙酸、丁酸、CO_2 和甲烷。前 3 种具有挥发性，即为挥发性脂肪酸。乙酸在奶牛体内可转化成乳脂，丙酸转化为葡萄糖，既是重要的能源，又为乳中乳糖的前体物，也是一些非必需氨基酸的前体。

第二，奶牛采食饲草有利于维持自身正常的消化过程，防止消化机能失常。牛采食饲草时，分泌大量唾液，唾液和食物混合后进入瘤胃。它们在瘤胃里分为液相（在瘤胃的下层）、固相（在瘤胃的上层）。液相中悬浮着细小的饲料颗粒，固相为较粗的固体饲料。在瘤胃壁肌肉有节律的收缩下，上层较粗的饲料以食团的形式经食管反刍到嘴中，每个食团被咀嚼 40～50 次后，再咽下，回到瘤胃。经反刍的食物会被咀嚼得很细，与唾液再次充分混合。牛一次能分泌 150 升唾液，唾液中含有大量的碳酸氢盐和磷酸盐，具有缓冲瘤胃 pH 的能力。如果牛采食大量的精料，或饲草粉碎得过细，或饲料中缺少粗纤维，则反刍的时间就会减少，唾液量随之减少；而精料中的淀粉很快会被微生物发酵，产酸速度快，这时如果胃壁吸收有机酸的速度不能与之相应增加，就会导致瘤胃液有机酸过量，瘤胃液 pH 下降，影响纤维素分解菌的增殖，并导致纤毛虫数量下降，结果会影响纤维素的分解，容易引起消化紊乱。因此，在奶牛饲养中，特别是高产奶牛饲养，精料用量大时，要确保日粮中粗纤维的含量，使之不低于干物质的 17%，同时粗料不要粉碎太细，以免影响正常的瘤胃功能。

第三，草也可使牛产生饱感，节省奶牛饲养成本。

（一）犊牛的饲喂模式

要确保新生犊牛及时吃到初乳（母牛产后 7 天内所分泌的乳为初乳），因为初乳含有大量的营养物质和生物活性物质（球蛋白、干扰素和溶菌酶），具有保证小牛生长发育的营养需要和提高抗病力的作用。每次饲喂小牛的初乳量不能超过其体重的 5%，即每次饲喂初乳 1.25～2.5 千克。生后 0.5～1 小时喂初乳 2 千克，出生后前 24 小时应喂 3～4 次；喂初乳前，应将其在水浴中加热至体温 39 ℃，同时清洗奶瓶或奶桶。

喂食初乳 5～7 天后，用常乳代替初乳，直至 60 日龄。同时，从犊牛出生后的第 7 天开始，饲喂由玉米、大麦、豆粕（熟）、少量花生粕、鱼粉、磷酸氢钙、添加剂等组成的开食料、干草和水。开食料的粗蛋白质含量一般高于 21%，粗纤维为 15% 以下，粗脂肪 8% 左右。犊牛的开食料最好制成颗粒料。开食料的喂量可随需增加，当犊牛 1 天能吃 1 千克左右的开食料时即可断奶。2 月龄断奶有利于控制犊牛腹泻，能促进瘤胃更早发育，有利于提高犊牛对粗饲料的消化和利用力，降低饲养成本，为成年后采食大量饲料奠定基础。

犊牛断奶后，继续喂开食料至少两周，头日喂量 1.8～2.0 千克。此后，喂以促进生长的日粮，其粗蛋白质含量为 16%～20%（根据饲草的品质来定），一直喂到 6 月龄。

开食料喂期越长越好，2～6 月龄犊牛采食的粗饲料应格外注意，要确保优质、含蛋白量高、无霉菌、要切碎、叶片多、茎秆少。让犊牛自由采食，这一月龄阶段的犊牛，最好不喂发酵过的粗料，如青贮饲料等，只有当犊牛达到 4～6 月龄时，才可少量喂给。因为犊牛的瘤胃太小，尚未发育，不易消化干物质含量低、纤维含量高的发酵饲草，也难以吸收短链脂肪酸。因此，犊牛应该选用干物质含量高的饲料来弥补采食量小的缺点。

6 月龄前的犊牛，其日粮中的粗饲料的主要功能仅仅是促使瘤胃发育。犊牛对粗饲料干物质的消化率远低于对谷物的消化率。4～6月龄犊牛吃的粗料较多，其粗饲料的适口性和品质就显得尤为重要。断奶犊牛饲养管理要注意以下3点：要有干燥的牛床；要有充足的新鲜空气；要有清洁的牛舍环境。

（二）育成牛的饲喂模式

犊牛8～10月龄以前，其瘤胃的容积和功能尚处于完善时期，此时，仅依赖粗饲料仍不能满足犊牛正常生长需要。在6～9月龄之前，粗饲料的干物质中应该至少有一半来自青干草。这时精饲料的质量和需要量则取决于粗饲料的质量。所需的精料，其质量和组成需要与从粗饲料中得到的营养素相配合，只有对粗饲料进行分析测定，才能知道两者配合是否恰当。谷物混合料应当是适口性好的精饲料，其所含的营养是粗饲料不能提供的。10～12月龄之后，后备牛已能够采食青贮饲料，此时一般每头日喂量为每100千克体重5千克青贮饲料。如果是自由采食，则有可能导致后备牛体况过肥。可对12月龄以上的后备牛进行限饲才能避免过肥。限量可定为10～12小时可消化完的青贮饲料量。称量并计算犊牛日常所摄入的饲草干物质含量，以便能估计出粗饲料的采食量。因单靠青贮饲料作为日粮会造成蛋白质缺乏，所以日粮中应当添加1.4～2.3千克含20％粗蛋白质的精料。同时，育成牛所需的微量元素和维生素要混入精料中，并且要有随时可提供洁净饮水的水源。配合日粮要慎重，不要完全依赖书本，要勤观察方案提供的饲料是什么，而牛只实际摄入的又是什么。其中，有5个因素影响牛只生长，即营养、管理、牛舍、健康和遗传。这5个方面都应当给予适当的重视，否则育成牛生长有可能受阻。

（三）青年牛的饲喂模式

12～18月龄的牛称为青年牛。此阶段奶牛消化器官容积更大。训练青年母牛大量采食青绿饲料，以促进其消化器官和体格的发育，为成年后能采食大量青粗饲料，提高产乳量打基础。日粮应以粗饲料和多汁饲料为主，其重量约占日粮总量的 75%，其余的 25% 为混合精料，以补充能量和蛋白质的不足。为此，青贮饲料青绿饲料的比例要占日粮的 85%～90%，精料的日喂量保持在 2～2.5 千克（表 1-9）。

表 1-9 青年母牛的饲养方案

月龄	精料 [千克/（头·天）]	玉米青贮料 [千克/（头·天）]	羊草 [千克/（头·天）]
12～14	2.5	12.5	3
15～16	2.5	13	4
17～18	2.5	13.5	4.5
19～20	3	16	2.5
21～22	4	11	3
23～26	4.5	6	5

18～24 月龄正是奶牛交配受胎阶段，其自身的生长发育逐渐变慢。该阶段育成母牛的营养水平要适当。营养水平过高易导致牛体过肥造成受孕困难，即使受孕，也会影响胎儿的正常发育和分娩；过低则易使奶牛排卵紊乱，不易受胎。因此，该阶段应以品质优良的干草、青绿饲料、青贮饲料和块根饲料为主，精料为辅。妊娠后期应适当增加精料喂量，每天可喂 2～3 千克，以满足胎儿生长发育的需要；在有放牧条件的地区，育成牛应以放牧为主，并根据牧草生长情况对饲料喂量酌情增减。

如有条件放牧，无论是育成母牛还是青年母牛都可以采取放牧饲养，但应充分估计食入的草量，营养不足的部分由精料补充。如草地质量不好，则不能减少精料用量。若放牧奶牛回舍后，有未吃的迹象，应补喂干草或多汁饲料。一些资料表明，在优质草地上放牧，可节省精料 30%～50%。

（四）泌乳期的饲喂模式

根据产犊、妊娠、产奶等情况，可以将奶牛的泌乳期分为 5 个阶段，即围生期（分娩前后各 15 天）、泌乳前期（分娩后 2～3

周至 100 天）、泌乳中期（产犊后 101～200 天）、泌乳后期（产犊后 201 天至干奶开始）、干奶期（干奶开始至产犊前 15 天）。

应根据奶牛所处的泌乳阶段和产奶量及体况膘情采取相应的饲养措施，可以最大限度地发挥奶牛的生产潜力，并取得较好的经济效益。如在泌乳早期（围生期的最后一周至泌乳前期）采用引导饲养法，使奶牛产奶高峰期的奶量更高，以致整个泌乳期的奶量更多；而在泌乳后期，因为产奶量的降低，可以适当减少精饲料的喂量，这样有利于节省饲料及管理成本。

1. 围产期 奶牛围产期一般指产前 15 天和产后 15 天这段时间。围产期的饲养对泌乳牛的健康和整个泌乳期的产奶量、牛奶的质量及经济效益起着重要作用。

在奶牛产前应做到以下几点：

（1）从进入围生期就需增加精料。由原来的每头每天 4 千克，按每头每天 0.3 千克递增，精饲料可在产前 15 天起每天逐渐增加，但最大量不宜超过奶牛体重的 1%。干草喂量应占体重的 0.5% 以上。日粮中的精料、粗料比为 40：60，粗蛋白质为 13%，粗纤维为 20% 左右。

（2）喂给优质干草。喂量不低于体重的 0.5%，且长度在 5 厘米以上的干草占一半以上。

（3）对有酮病前兆的牛应及时添加烟酸（每头每天 6 克）。

（4）分娩前 30 天开始喂低钙日粮（钙占日粮干物质的 0.3%～0.4%，总钙量为每头每天 50～90 克），钙、磷比为 1：1。分娩后使用高钙日粮（钙占日粮干物质的 0.7%，钙、磷比为 1.5：1 或 2：1）。

（5）分娩前 10 天开始喂阴离子盐。

（6）分娩前 7 天和分娩后 20 天不要突然改变饲料。

分娩及分娩后，要注意以下几点：

（1）分娩时用麸皮（500 克）、食盐（50 克）、石粉（50 克）、水（10 千克）混合后喂牛；或喂给益母草膏糖水，即益母草 250 克加 1 500 克水煎熬成益母膏，再加红糖 1 千克，加水 3

千克，预热到 40 ℃，每天 1 次，连服 2 天，以利于奶牛恢复体力和胎衣排出，也可促使恶露排净和子宫恢复。

（2）奶牛产后 1 周内，由于机体较弱，消化机能减退，食欲下降，因此只能饲喂少量的稀精料，增加其适口性。应多喂些优质牧草或干草，促进其消化吸收。喂干草时，务必多饮水。

（3）产后 1 周后，多数奶牛乳房水肿消退，恶露基本排干净，食欲良好，消化机能正常。此时，可逐渐增加精料，多喂优质干草。要控制青绿多汁饲料的量，泌乳初期切忌过早加料催奶，以免引起奶牛体重下降（营养负平衡），代谢失调。在此阶段，每天可增加 0.3 千克精料（直至 6.5～7 千克止）。粗饲料（青贮玉米）每天每头 15 千克；块根料为每头每天 3 千克以内；自由采食干草，最低饲喂量为每头每天 3 千克。每天日粮干物质的进食量（DMI）占体重的 2.5%～3%，每千克日粮干物质含 2.3%～2.5%奶牛能量单位，含粗蛋白质 18%～19%，钙 0.7%～1%，磷 0.5%～0.7%，粗纤维大于 15%。

（4）15 天以后，可根据牛的食欲和日产奶量（按奶料比 2.5 : 1）投放精料，直至产奶顶峰，但日喂量不要超过 10 千克。同时，要保证优质粗饲料的供应，精料、粗料比为 60 : 40，以保证瘤胃正常发酵，避免瘤胃酸中毒、真胃变位以及乳脂率下降。

（5）日粮中精料的用量应适量，如奶牛体况较差可喂给浓度较高的日粮，以确保 90 天内发情、配种、受胎。精、粗料的干物质比应调整到（40～45）：（60～55）。

这一时期要注意保胎，防止流产。要防止母牛饮冰水、吃霜冻饲料，防止母牛突然受惊吓、狂奔乱跳，引起流产和早产。

2. 泌乳前期

（1）采用"预付"饲养：从产后 10～15 天开始，除按饲养标准给予饲料外，每天额外多给 1～2 千克精料，以满足产奶量继续提高的需要。只要奶量能随精料增加而上升，就应继续增加。待到增料奶量不再上升时，再将多余的精料降下来。"预付"

饲养对一般产奶牛增奶效果比较明显。

（2）采用"引导"饲养：母牛产前 2 周开始加料，产犊后，每天增加 450 克精料，直到产奶高峰。待泌乳高峰过后，奶量不再上升时，按产奶量、体重、体况等情况调整精料喂量。"引导"饲养对高产奶牛效果较好，低产奶牛采用"引导"饲养容易过肥。方法是：

第一，在日粮中的精、粗料干物质比不超过 60∶40、粗纤维含量不低于 15% 的前提下积极投放精料，并以每天增加 0.3 千克（必要时可 0.35 千克）精料喂量逐日递增，直至达到泌乳高峰的日产奶量不再上升为止。

第二，供给优质干草，如苜蓿、苕子等粗饲料。

第三，对日产奶 45 千克的牛群及体况评分下降明显的个体，应添喂惰性加氢脂肪酸盐，使日粮干物质中脂肪含量达到 5%～7%。

第四，添加非降解蛋白（UIP）量高的饲料，如增喂棉籽饼（每天每头 1.5 千克）。

第五，对高产奶牛日粮精料中添加 MgO 50 克/头和 $NaHCO_3$ 100 克/头组成的缓冲剂或其他缓冲剂。

第六，日粮营养水平原则上控制在：干物质进食量（DMI）占体重的 2.5%～3.5%，产奶净能每千克 2.3～2.45 奶牛能量单位，钙为 0.6%～0.9%，磷为 0.4%～0.6%，粗蛋白质为 17.5%～19%，CF15 左右，精粗料比 60∶40。

（3）添加脂肪以提高日粮能量浓度：在泌乳高峰日粮中可添加 3%～5% 的脂肪或 200～500 克脂肪酸钙，以满足日粮中能量的需要。

3. 泌乳中期　泌乳中期奶牛食欲最旺盛，日粮干物质进食量达到最高（尔后稍有下降），泌乳量由高峰逐渐下降，为了使奶牛泌乳量维持在一个较高水平而不致降低太多，在饲养上应做到以下几点：

（1）按"料跟着奶走"的原则，即随着泌乳量的减少逐步减少精料用量。

（2）喂给多样化、适口性好的全价日粮。在精料逐渐减少的同时尽可能增加粗饲料用量，以满足奶牛的营养需要。

（3）对瘦弱奶牛要稍增加精料以利于其恢复体况；对中等偏上体况的奶牛要适当减少精料以免过度肥胖。

（4）日粮营养水平调整到日粮中干物质进食量占体重的3%～3.3%，产奶净能每千克2.1～2.25奶牛能量单位，钙为0.6%～0.8%，磷为0.35%～0.6%，粗蛋白质为14%～15%，粗纤维16%～17.5%，精、粗料比为（45：55）～（50：50）。

这个时期母牛产奶量开始逐渐下降，下降幅度一般为6%～8%。同时，母牛怀孕后，营养需要较以前有所减少，应抓住这个特点，让其多吃干草，适当补充精料，使产奶量和乳脂率维持在较高水平。泌乳中期日粮的精、粗料比可控制在（40～45）：（55～60）。

4. 泌乳后期　泌乳后期日泌乳量明显下降到最低水平，不到高峰期的一半，食入营养主要用于维持、泌乳、修补体组织、胎儿生长和妊娠沉积等方面。所以，该阶段应以粗料为主。在饲养上应根据营养需要，将奶牛膘情调整到合适状态，还需防止过度肥胖。日粮营养水平调整到：日粮中干物质进食量占体重的2.8%～3.2%，产奶净能每千克2.1～2.2奶牛能量单位，粗蛋白质为13%～15%，钙0.4%～0.65%，磷0.3%～0.5%，粗纤维为18%～21%，精粗料比为30：70～40：60。

5. 干奶期　（干奶开始至产犊前15天）　干奶期一般为45～75天，多数为60天。

（1）干奶前几天少喂或停喂多汁青绿饲料，控制饮水，增喂粗饲料，必要时减喂精饲料，并打乱挤奶时间和次数，最后一次把乳房中奶挤净后，在4个乳头内注入干奶油剂。干奶后5～7天，乳房还没有变软，这时仍然采用干奶时的日粮。7天后，乳房已变软，开始逐渐增加精料和多汁饲料，用5天左右过渡到干奶母牛的饲养标准。此期的饲养既要保证营养价值的全面性，又不能将牛喂得过肥，达到中上等体况即可。

（2）干奶后期要逐渐增加精料，每天增加精料 0.45 千克，直到每 100 千克体重精料 1～1.5 千克为止。要防止乳热症，必须每天让牛摄入 100 克以下的钙和 45 克以上的磷，还要满足维生素 D 的需要量。逐渐提高精料水平有利于瘤胃微生物区系较早地适应相应环境，并使母牛在此期适当增重。这样，奶牛分娩后能量供应迅速增加，可减少瘤胃酸中毒或其他营养代谢病的发生。产前 4～7 天，如乳房过度肿大，则要减少或停喂精料及多汁饲料。产前 2～3 天，日粮中应加入麸皮等轻泻饲料，以防止奶牛便秘。干奶牛的精料配方见表 1-10，干奶牛的日粮组成见表 1-11。

表 1-10　干奶牛的精料配方（%）

阶段 \ 原料	玉米	豆粕	麸皮	棉籽粕	米糠	预混料	其他
干奶前期	40	13	18	7	10	1	11
干奶后期	41	15	25	4	7		8

表 1-11　干奶牛的日粮组成

体重（千克）	干奶期	精料［千克/（天·头）］	中等羊草［千克/（天·头）］	玉米青贮［千克/（天·头）］
600～650	前期	3	3～3.5	18
600～650	后期	3	3～3.5	18
500～550	前期	3	2.5～3	17
500～550	后期	3	2.5～3	17

要注意饲料的新鲜度和质量，绝对不能饲喂冰冻饲料、腐败霉变饲料和有麦角、霉菌、毒草的饲料，冬季不可饮过冷的水。

（五）夏季奶牛的饲喂模式

夏季温度高，奶牛极易产生热应激。为减轻高温对奶牛造成的不利影响，除了从奶牛场建设、饲养管理、疾病防治上采取相应措施外，还必须进行营养调控。

（1）饲喂青绿多汁饲料。青绿多汁饲料富含碳水化合物和水分，不但适口性好，而且能解渴，对防暑降温和缓解奶牛热应激十分有利。在保证奶牛食入足量干物质的前提下，适量喂些优质青草、胡萝卜、冬瓜、西瓜、甘薯、马铃薯等对提高奶牛产奶量和提高牛奶乳脂率有好处。精饲料可多喂一些适口性好的麸皮、豆粕等。

（2）喂稀粥料。将部分精料改为粥料。用精饲料 1.5 千克、胡萝卜 1.25～2.5 千克，加水 5～8 千克，煮成粥状，放凉后浇在青贮饲料上饲喂，可增加奶牛排尿量，带走更多的热量。

（3）喂盐水麸皮汤。给奶牛喂盐水麸皮汤能增加奶牛食欲，保证饮水量，调节代谢，有效控制产奶量下降。每次每头牛喂50 千克水，加食盐 50 克、麸皮 1～1.5 千克，每天喂 3 次。

（4）喂绿豆汤。绿豆汤具有清热解毒，防暑降温的作用。有条件的养殖场（户）夏季应该给奶牛饮绿豆汤。用新鲜绿豆 1～1.5 千克，加水 4～5 千克，煮沸 1～2 小时，加入 40 千克清洁饮水中，给奶牛一次饮服，每天 1 次。

（5）补充碳酸氢钠。补充碳酸氢钠有利于维持奶牛体内酸碱平衡，还具有助消化的作用，可以提高奶牛采食量。碳酸氢钠的用量一般占精料的 3.84%，或者每天每头奶牛用 340 克。与柠檬酸同时使用效果更好。使用碳酸氢钠时应适当降低食盐的用量。

（6）补充氯化钾。奶牛发生热应激时，钾的排出量明显增加，造成血液中钾的含量降低，所以必须补充钾，添加量为每天每头奶牛 60～80 克。

（7）补充维生素 C。奶牛产生热应激，维生素 C 合成能力下降，而需要量却增加，因此夏季应注意给奶牛补充维生素 C。在热应激过程中，维生素 C 还可以抑制奶牛体温上升，促进食欲，提高抗病力。一般夏季可在奶牛饲料中添加 0.04%～0.06% 的维生素 C。

（8）补充维生素 E。维生素 E 可防止奶牛体内脂肪氧化和被破坏，阻止体内氧化物的生成，还可防止其他维生素被氧化，促进维生素 A 和维生素 D 在肠道内被吸收。夏季可在饲料中添加正常量 3～5 倍的维生素 E，以降低奶牛发生热应激的几率。

（六）冬季奶牛的饲喂模式

对于奶牛来说，最适宜的温度为 8～16 ℃。我国北方大部分地区冬季气温在 0 ℃以下，加上饲养管理不善，奶牛的产奶量会受到一定影响。

要提高饲料营养标准。冬天奶牛瘤胃发酵及其所产生的能量被转用到保持体温上来，奶牛维持和生产的营养需要也相应地增加，一般比饲养标准高 10%～15%。因此，冬季需增加 15% 的混合精料，这样才能保持或提高产奶量。

要饮足温水。冬季奶牛多采食干草，消化液分泌量增加，仅唾液每天就分泌 50 升左右，若不能充分饮水，食欲就会下降，致使产奶量下降，甚至发生疾病。奶牛每吃 1 千克干饲料需水 5 千克左右。所以，总的饮水量不能少于夏季。据报道，冬季奶牛饮 8.5 ℃的水比饮 1.5 ℃的水产奶量可提高约 8%。但是，长期给奶牛饮 20 ℃的温水，反而会使奶牛体质变弱，胃的消化能力降低。奶牛冬季饮水的适宜温度为：成年母牛 12～14 ℃；产奶、怀孕牛 15～16 ℃；犊牛 35～38 ℃。

要补足食盐。食盐是胃液的主要成分之一。随着冬季奶牛胃液分泌量增加，其对食盐的需求量也相应增加。若食盐摄入量不足，就会导致奶牛食欲降低，产奶量下降。食盐的日供给量应视奶牛体重的大小和产奶量高低而定，一般每天供给 50～100 克。除按日粮 1% 拌入精料外，也可专设盐槽，让奶牛自由舔食。

第二章

牛群控制与奶牛生产性能测定

第一节　奶牛的体质外貌

不同生产类型的牛，都有与其生产性能相适应的体质外貌。奶牛属于细致紧凑体质，具体表现为皮薄、骨细、血管显露、被毛短而有光泽、肌肉不发达、皮下脂肪沉积少、泌乳器官发达、全身细致紧凑。这与其遗传基础、外界环境条件有直接的关系。

一、奶牛的体质外貌与生产性能的关系

研究奶牛的体质外貌，可以帮助人们较容易和直观地选出生产性能较强、健康状况较好的奶牛。尤其是在奶牛育种中，对奶牛乳房、后肢发育和体质状况的选择至关重要。一般而言，体质外貌好的奶牛，其生产性能相对也较好，如加拿大荷斯坦牛育种协会根据 25 万头荷斯坦牛外貌等级统计的产奶量、乳脂率和乳脂量，两者相比基本一致（表 2 - 1）。

表 2 - 1　加拿大荷斯坦牛的外貌等级及其产奶性能

外貌等级	评分（分）	占总数的百分率（%）	305 天，每天挤奶 2 次		
			平均产奶量（千克）	乳脂率（%）	乳脂量（千克）
特好	90 或 90 以上	0.16	8 549	3.98	325
很好	85～89	3.99	7 575	3.78	288
上好	80～84	43.46	6 925	3.73	258

（续）

外貌等级	评分（分）	占总数的百分率（%）	305 天，每天挤奶 2 次		
			平均产奶量（千克）	乳脂率（%）	乳脂量（千克）
好	78～79	47.60	6 601	3.70	244
一般	65～74	4.74	6 061		
差	65 以下	0.05	—	—	—

由表 2-1 可知奶牛体质外貌与生产性能之间密切相关。体质外貌是选择奶牛个体时的重要参考依据，也是预测其生产潜力的手段之一。因此在选择奶牛时，不仅要从体质外貌和生产性能两方面考虑，还应从查阅谱系档案、评定体质外貌机构、实际测定产奶性能等方面多方综合考量。

二、奶牛外貌鉴别

奶牛体型外貌的整体特点是皮薄、骨细、血管显露、被毛细短有光泽、肌肉和皮下脂肪不发达、胸腹宽深、体躯容量大、乳房发达、细致紧凑体型。皮薄的牛被毛一般比较细短，颈部皮肤皱褶细密，用手指可以在体躯上牵拉起皮肤。骨细的奶牛管围较细，头轻小。肌肉和皮下脂肪不发达的奶牛主要关节及结节显露，肋骨微露。从一侧观察奶牛的整体外貌，后躯因附着乳房而显得较前躯重而深，呈楔形。从前面观察，鬐甲明显，肋骨向前、后开张良好，使躯体有较大的容量，以鬐甲为顶点可以向两侧体表作切线。从上方观察，鬐甲和两侧腰角明显，背部肌肉不发达，鬐甲和两侧腰角构成三角形的 3 个顶点。

（一）头部

奶牛的头部在整个躯体中占的比例较小，显得轻小而狭长，母牛的头形清秀细致，公牛的头略宽深，但明显不同于肉牛的头形。眼睛圆大、明亮、灵活、有神，目光温和、不露凶相（尤其是公牛）。口宽阔、下颚发达，鼻孔圆大、鼻镜湿润。耳中等大小，薄而灵活。留角的牛，角质致密光润。

（二）颈部

颈长一般占体长的 27%～30%，皮较薄，两侧皮肤皱褶细密。颈部与躯干连接自然，结合部没有凹陷。

（三）鬐甲

牛的鬐甲以第 2～6 背椎和肩胛软骨为解剖基础，是连接颈、前肢和躯干的枢纽，有长短、宽窄、高低、分岔之分。奶牛以长鬐甲为好，分岔、尖锐、短薄、低凹均为不良形状。

（四）前肢

前肢包括肩、臂、前臂、球结、系、蹄及胸部。

肩部以肩胛骨为解剖基础，有狭长肩、短立肩、广长斜肩、瘦肩、肥肩、松弛肩、翼状肩等类型。良好的肩形应为广长斜肩，肩胛骨宽而长，肩部与体躯结合自然，有力但不粗糙。狭长肩的牛肩胛骨窄，短立肩的牛肩胛骨短。肥肩和瘦肩与牛的膘情有关，过肥的牛肩部丰满圆润、脂肪厚；过瘦的牛肩胛骨棘突显露、两侧凹陷成沟，这两者都是不良的肩形。松弛肩和翼状肩是严重缺陷，前者的成因是肩胛骨与躯干结合无力，通常伴随出现分岔鬐甲；后者为前躯松弛无力所致，肘端与躯干明显分离。

前肢的肢势应端正，肢间距宽。当牛以端正的姿势站立时，从前方看，前肢能遮住后肢，由肩关节向地面引的垂线从腕关节中央通过，平分前肢。若垂线位于腕关节的外侧，则说明两前肢腕关节过于靠近，通常称为前肢"X"状肢势。从侧面看，由肩胛骨上 1/3 处向地面引垂线，从前肢侧面中央通过，若垂线在前肢的后方，称前踏肢势，位于前方称后踏肢势。

牛的前臂应有适当的长度，前膝要整洁有力；前管光整，筋腱明显；球结要强大，系部要有弹性，与地面呈 45°～55°角；蹄圆大、厚实，蹄踵壁与地面呈 40°～50°角。

（五）胸、背、腰、腹

奶牛的胸部要宽深，表明心、肺发达。背腰要平直，肋骨向外、向后充分开张，使躯干有较大的容积。腹部要大而结实，不下垂。

（六）后躯

奶牛的尻部要求长、宽、平，腰角与坐骨端的连线基本与地面平行。尾根着生良好，粗细适中，皮薄毛短。臀部及后肢内侧肌肉不发达，乳房发育的空间大。后肢肢势端正，由坐骨端引向地面的垂线与飞节后端相切，从后肢后方中央通过。系部结实、有弹性、蹄圆大、坚实。

（七）乳房

奶牛的乳房应有良好的外形、发达的乳腺组织和良好的血液循环系统。乳房的底线要平，略高于飞节；4 个乳区匀称，乳头位于乳区下方的正中央，长 7～8 厘米；乳房向前自然过渡到腹壁，向后悬着的位置要高，乳镜要宽大；乳房上被毛稀短，皮肤有弹性，悬着乳房的韧带坚实有力。乳房内部乳腺组织发达，结缔组织较少，乳房有弹性。乳房充满乳汁时，乳房的浅表静脉努张，两条乳静脉粗大，乳井圆大。

一个发育良好的乳房大约有 20 亿个乳腺细胞。泌乳后期，乳腺细胞由于衰老而变少，这部分减少的乳腺细胞经过干奶期的休整与相应激素的刺激而恢复或再生。不正确的挤奶或某些疾病（如乳腺炎）也会导致乳腺细胞减少，这部分减少的乳腺细胞可能使乳房的 1 个或几个乳区萎缩、坏死而失去泌乳能力。

第二节　奶牛产奶性能的测定

一、产奶量的测定

产奶量分为个体产奶量和牛群年平均产奶量两种：

（一）个体产奶量

个体产奶量是指个体奶牛各个胎次 305 天的产奶量。它不以日历作为统计基础，而是以奶牛本身的生理周期为基础。如果一个泌乳期不是 305 天，则必须注明天数。另外，个体产奶量中还有终生产奶量，即个体奶牛终生各个胎次实际产奶量的总和。

（二）牛群年平均产奶量

1. 按全年实际饲养天数计算

全群年平均饲养头数＝全年各月饲养母牛头日数总和/365

全群每头牛年平均产奶量＝全年全群总产奶量/全群年平均饲养头数

这种方法既可以计算全年全群的平均产奶量，又可计算全群各个月的产奶量，计算时必须把泌乳牛和干乳牛以及才生犊的头胎牛都计算在内。此法的优点是便于计算饲料转化率和产奶成本。

2. 按全年实际产乳天数计算

全年平均泌乳牛头数＝全年各月全群产乳总头日数/365

每头牛的年平均产奶量＝全年总奶量/全年平均泌乳牛头数

这种方法只计算牛群中泌乳牛实际天数，干乳牛及其他不产奶的牛饲养天数不计算在内。这样求得的每头牛年平均产奶量较前一法高。通过此法可以了解牛群质量。

二、乳脂率的测定

乳脂是指牛奶中所含的脂肪，乳脂率是指牛奶中所含脂肪的百分率。牛的乳脂率在整个泌乳期前后变化较大，通常所说的乳脂率指平均乳脂率。

平均乳脂率＝全期乳脂量/全期奶量×100％

三、标准奶的计算

乳脂率的高低因品种、个体、饲养管理不同而不同，为了更精确地比较奶牛的生产力，需将各个奶牛的乳折合成 4％乳脂的标准奶其折算法如下：

4％乳脂标准奶＝0.4×非标准奶的产量＋15×非标准奶的乳脂总量

第三节　影响奶牛产奶性能的因素

奶牛的产奶性能受许多因素影响，有遗传因素、生理因素、环境因素。遗传因素包括品种、个体；生理因素包括年龄、胎次、泌乳期、干乳期、发情与妊娠等；环境因素包括饲养管理、挤乳与乳房按摩、产犊季节、外界气温、疾病等。

一、遗传因素

1. 品种　不同品种牛产奶量和乳脂率差异很大。经过高度培育的品种，其产奶量显著高于地方品种，产奶量和乳脂率之间负相关，产奶量较高的品种，其乳脂率相应较低，但通过有计划的选育，乳脂率也可提高。

2. 个体　同一品种内的不同个体，虽然处在相同的生命阶段，相同的饲养管理条件，其产奶量和乳脂率仍有差异，如果白花母牛平均产奶量一般为 6 000~7 000 千克，高产牛可达 15 000 千克以上，乳脂率为 3.6%~3.8%。如黑白花牛的产奶量为 1 200~3 000 千克，乳脂率为 2.6%~6.0%。一般来说，体重大的个体其绝对产奶量比体重小的要高。通常情况下，体重为 550~650 千克为宜。此外，个体高度、体重、采食特性、性格等对个体的泌乳性都有影响。

二、生理因素

（一）年龄和胎次

年龄与胎次对产奶量的影响很大。产奶量随着奶牛年龄和胎次的增加而发生规律性的变化。初产奶牛的年龄在 2 岁左右，由于本身尚在发育阶段，所以产奶量较低。以后，随着年龄和胎次的增加，产奶量逐渐增加。到 6~9 岁，第 4~7 胎时，产奶量达到一生中的高峰。10 岁以后，由于机体逐渐衰老，产奶量又逐渐下降。但饲养良好，体质健壮的母牛，13～14 岁时，仍然维持较高的泌乳水平。相反，饲养不良，体质衰弱的母牛，7～8 岁以后，产奶量就逐渐下降。

（二）泌乳期

母牛从产犊开始到停止泌乳整个泌乳期中产乳量呈规律性变化：分娩后，日产奶量逐渐上升，从第 1 个泌乳月末到第 2 个泌乳月中达到该泌乳期的最高峰。维持一段时间后，第 4 个泌乳月开始时，又逐渐下降。至第 7 个泌乳月之后，迅速下降，到第 10 个泌乳月左右停止泌乳。全期每天产乳量形成一个动态曲线，称为"泌乳曲线"，该曲线反映了奶牛泌乳的一般规律。

在同一牛群中，虽然环境条件相对一致，但因个体的遗传素质有差异，所以，泌乳曲线也出现 3 种类型：第一类是高度稳定型，每个月泌乳量的下降速率平均维持在 6% 以内，这类个体具有优异的育种价值；第二类是比较平稳型，每个月泌乳量的下降速率为 6%～7%，这类个体在牛群中较为常见，全泌乳期产奶量高，因此，可以选入育种核心群；第三类是急剧下降型，每个月泌乳量的下降速率平均在 8% 以上，这类个体产奶量低，泌乳期短不宜留做种用。

不同的泌乳时期，乳中含脂率也有所变化。初乳期内的乳脂率很高，几乎超过常乳的 1 倍。第 2～8 周，乳脂率最低。第 3 个泌乳月开始，乳脂率又逐渐上升。

（三）干奶期

乳牛完成一个泌乳期的产乳之后，进入干奶期，干奶期使乳腺组织获得一定的休息时间，并使母牛体内储蓄必要的营养物质，为下一个泌乳期做好准备。合适的干奶期一般为 45～75 天。其长短应根据每头母牛的具体情况决定。5 岁以上的母牛，干乳期为 40～60 天，其营养条件能得到保证，对下胎产乳量影响较小。

（四）发情与妊娠

母牛发情期间，由于性激素的作用，产奶量会出现暂时性下降，其下降幅度为 $10\%\sim12\%$。在此期间，乳脂率略有上升。母牛妊娠对产奶量的影响明显而持续。妊娠初期，影响极微，从妊娠第 5 个月开始，由于胎盘分泌的动情素和助孕素对泌乳起了抑制作用，泌乳量显著下降，第 8 个月则迅速下降，以致干乳。

三、环境因素

（一）饲养管理

根据遗传学家研究，产奶量的遗传力为 $0.25\sim0.30$，即产奶量仅 $25\%\sim30\%$ 受遗传影响，而有 $70\%\sim75\%$ 是受环境影响，特别是饲料和饲养管理条件的影响。实践证明，在良好的饲养管理条件下，奶牛全年产奶量可提高 $20\%\sim60\%$，甚至更多。在饲养管理中，影响最大的是日粮的营养价值、饲料的种类与品质、贮藏加工以及饲喂技术等。营养水平不足，将严重影响产奶量，并缩短泌乳期。管理条件也十分重要，炎热、潮湿条件下，奶牛机体的代谢过程受到影响，产奶量也随之大幅度下降。此外，加强奶牛运动、充足饮水，均能促进新陈代谢，增强体质，有利于产奶量提高。

（二）挤奶与乳房按摩

正确的挤奶和乳房按摩是提高产奶量的重要手段之一。挤奶技术熟练，适当增加挤奶次数，能提高产奶量。一般来说，一昼夜产奶量在 15 千克以下的奶牛，可挤奶 2 次。一昼夜产奶量在 15 千克以上的奶牛，特别是高产奶牛，则应挤奶 3 次。

挤奶前用热水擦洗乳房和按摩乳房，能提高产奶量和乳脂率。

（三）产犊季节

在我国目前条件下，母牛最适宜的产犊季节是冬季和春季。因为母牛在分娩后的泌乳盛期，恰好在青绿饲料丰富和气候温和的季节。此期母牛体内催乳素分泌旺盛，又无蚊蝇侵袭，有利于产乳量的提高。

（四）外界气温

黑白花奶牛所适应的温度为 0～10 ℃，最适宜的温度是10～16 ℃，外界气温升高到40.5 ℃时，奶牛呼吸频率加快 5 倍，且采食停止，产乳量显著下降。因此，夏季做好奶牛防暑降温的工作十分重要。相对而言，奶牛怕热不怕冷，外界气温 13～20 ℃时，黑白花奶牛产奶量才开始下降，只要冬季保证供应足够的青贮饲料和多汁饲料，多喂些蛋白质饲料，一般对产奶量不会影响太大。

（五）疾病

母牛患病或身体受伤时，其泌乳量也随之降低，尤其是母牛的泌乳器官发生疾病，如乳房炎、乳头受伤，产奶量的下降更为显著。

第四节　牛群控制

一、牛群结构概念

科学合理的牛群结构是奶牛场科学管理、降低生产成本、提高经济效益的基础。所谓牛群结构，是指群体中不同性别、年龄牛只构成情况。通常谈到的牛群结构包括成母牛、犊牛、后备牛。成母牛包括泌乳牛、干奶牛、围生期牛。泌乳牛又分为泌乳初期牛、泌乳中期牛、泌乳后期牛。除此以外，有的奶牛场将初产奶牛集中饲养，单独组建牛舍。围生期牛也可分为围生前期牛和围生后期牛。

犊牛：出生到 6 月龄小母牛统称犊牛。具体又可分为哺乳犊牛、断奶犊牛、犊牛。

后备牛：育成牛、青年牛的通称。7～18 月龄称为育成牛，为了方便管理可根据设计饲养规模，按出生月龄分别将相近的 3 个月龄牛分为一个群体饲养。我们将其分为小育成牛和大育成牛两个群体，7～12 月龄为小育成牛，13～17 月龄为大育成牛。18

月龄以上至分娩的奶牛为青年牛。青年牛也可分为初妊牛和重胎牛两个群体。

二、规模奶牛场合理的牛群结构模式

在正常情况下规模奶牛场的合理结构为，成母牛 55%～60%。成母牛指初产以后的牛。在成母牛群中，1～2 胎母牛占母牛群总数的 40%，3～5 胎母牛占牛群总数的 40%，6 胎以上占 20%，老弱病残牛应淘汰，规模奶牛场淘汰率可达 20%～25%，以保持牛群高产稳产。青年牛指 18～28 月龄的牛，即初配到初产的牛，应占整个牛群的 13%。大育成牛指 12～18 月龄的牛，即 12 月龄到初配的牛，应占整个牛群的 9%。小育成牛指 6～12 月龄的牛，应占整个牛群的 9%。犊牛指出生至 6 月龄的牛，出生的母犊牛要根据其父母代生产性能和本身的体型外貌进行选留，作为后备母牛进行培育。要尽快卖掉其他犊牛，留作后备母牛的犊牛应占整个牛群的 9%。

三、建立规模奶牛场合理牛群结构的措施

(一) 积极推广优质奶牛冻精配种

1. 查看系谱，避免近交　优质奶牛冻精不同于其他商品，奶牛场在选购冻精时，要查看奶牛系谱，通过系谱可以知道所使用的公牛三代内亲缘关系，如果待配母牛是这头公牛的近亲，则应避免使用。另外，要做好繁殖记录，合理选用冻精，不一定只选择价格昂贵的进口冻精。

2. 查看所用公牛是否有后裔测定成绩　后裔测定是评定种公牛好坏的最有效的方法，只有通过后裔测定的公牛，其冻精才能被广泛采用。

3. 分析牛群中存在的缺陷，确定需要改良的性状　值得注意的是，选定改良的性状不要面面俱到，一般不超过 4 个，多选择产奶量、乳脂肪率、肢蹄、生奶体细胞数等性状进行改良。

4．保持牛群遗传品质的持续改进，不要单纯追求高产奶量　改进牛群遗传品质有两个原则必须遵守，一是所选购的公牛冻精的遗传品质要高于母牛群的遗传水平；二是现购买的公牛冻精的遗传品质要高于规模奶牛场先前使用的公牛冻精品质。要使牛群的遗传水平持续改进，通过数次改良逐步提高产奶量。

5．专职配种员技术过硬　责任心强，绝不允许场外兼职。

（二）制订牛场繁殖配种、周转计划

牛群的生产过程中，一些成年母牛被淘汰，出生犊牛转为育成牛或商品牛出售，育成牛又转为生产牛或育肥牛屠宰出售，牛只购入、售出，从而使牛群结构不断发生变化。一定时期内，牛群组织结构的这种增减变化称为牛群更替（周转）。牛群周转计划是养牛场的再生产计划，它是制订生产计划、饲料计划、劳动力计划、配种产犊计划、基建计划等的依据。为有效地控制牛群变动，保证生产任务的完成，必须制订牛群繁殖、周转计划。

1．全年成母牛繁殖配种计划

成母牛配种数量：调查核实上年度奶牛场 4～12 月已配准母牛数量为本年度 1～9 月产犊数量。

成母牛预计产犊数量：本年度 1～3 月预计产犊数量＝全年总成母牛数量－当年计划淘汰奶牛数量－上年度 4～12 月已配准母牛数量。

当年计划淘汰奶牛数量＝成母牛数量×成母牛淘汰率（15%）

全年成母牛繁殖配种计划数量＝成母牛配种数量＋成母牛预计产犊数量

2．育成牛繁殖配种计划　育成牛繁殖配种计划同上。其中，育成牛淘汰率 5%。

3．产犊计划　全年成母牛繁殖配种计划数量与育成牛繁殖配种计划数量之和即为计划年度所产犊牛数量。根据犊牛公、母各占一半的比例，即将计划年度所产犊牛数量除以 2，就是计划年度规模场所产母犊数量。

4. 牛群周转计划　犊牛为 1～6 月龄，育成牛为 6～18 月龄，后备牛为 18 月龄至产犊，成母牛为产犊以后的奶牛。转入育成牛、后备牛、成母牛时，应除去死亡、淘汰、出售的数量。

（三）加强牛群繁殖管理，缩短产犊间隔

规模奶牛场要加强奶牛的饲养管理工作，做好发情牛的观察工作，适时配种，缩短奶牛产后空怀天数，保证牛场奶牛的平均空怀天数在 60～90 天，从而缩短产犊间隔。

（四）降低成母牛更新率，调整成母牛的更新胎次

成母牛的更新率是年内死亡、淘汰、出售头数与年内存栏成母牛头数之比。在生产过程中，一是要控制青年母牛的转群头数，也就是降低育成母牛的饲养头数；二是要降低成母牛的更新率，调整成母牛的更新胎次。成母牛群平均胎次由 3 胎提高到 4 胎，即意味着增加 1 年的使用年限，产值和效益可提高 33%。调整平均胎次的工作一定要引起规模奶牛场的重视，成母牛的年均更新率最好不超过 15%。

（五）加大淘汰率

要树立重质量、轻数量的思想，牛场要淘汰长期屡配不孕和患有慢性繁殖疾病的奶牛。尤其是要逐头查清空怀天数超过 140 天的奶牛的空怀原因。对于确实失去繁殖能力的奶牛，一定要尽早、尽快地予以淘汰，以提高奶牛场经济效益。

（六）抓好疾病防制工作

重点抓好口蹄疫、布鲁氏菌、结核等重大动物疫病的防制工作，做好奶牛繁殖疾病的预防和治疗工作，降低各种疾病对牛场造成的经济损失。

（七）积极推广全混合日粮技术

全混合日粮饲喂技术是根据奶牛在不同生长发育和泌乳阶段的营养需要，按照营养专家设计的日粮配方，用特制的搅拌机对日粮各组进行搅拌、切割、混合和饲喂的一种先进的饲养工艺。这种工艺能够保证奶牛饲料的营养均衡性，可显著地提高养殖户

的饲养管理和生产水平，节约饲粮、饲料，降低饲料成本。还可实现增产并改善牛群健康状况，从而改善和提高牛奶的品质，提高牛场经济效益。

第五节 牛群的饲养管理

一、犊牛的饲养管理

犊牛是指从出生到 6 月龄的牛，犊牛在该时期经历了从母体子宫环境到体外自然环境、由靠母乳生存到靠采食植物性为主的饲料生存、由不反刍到反刍的巨大生理环境的转变，各器官系统尚未发育完善，抗病力低，易患病。犊牛器官系统处于发育时期，可塑性大，良好的培养条件可为其将来的高生产性能打下基础，若饲养管理不当，可造成生长发育受阻，影响终生生产性能。

（一）初生犊牛的护理

1. 出生后的第 1 小时

确保犊牛呼吸：犊牛出生后如果不呼吸或呼吸困难，通常与难产有关，必须首先清除口鼻中的黏液。方法是使犊牛的头部低于身体其他部位或倒提几秒钟使黏液流出；然后用人为的方法诱导呼吸。

肚脐消毒：犊牛呼吸正常后，应立即看其肚脐部位是否出血，如出血可用干净棉花止血。将残留的几厘米脐带内的血液挤干后必须用高浓度碘酒（75%）或其他消毒剂浸泡或涂抹在脐带上。出生两天后应检查犊牛脐带是否有感染，正常时应很柔软，如感染则犊牛沉郁，脐带区红肿并有触痛感。如脐带感染可能会很快发展成败血症而死亡。犊牛出生后，应用干净的稻草或麻袋擦干其身上的黏液。

犊牛登记：犊牛的出生资料必须登记并永久保存。新生的犊牛应打上永久性标记。标记的方法有：在颈部套上刻有数字的环、在耳部打上金属或塑料耳标等。

饲喂初乳：初乳含大量的营养物质和生物活性物质（球蛋白、干扰素和溶菌酶），具有保证犊牛生长发育营养需要和提高抗病力的作用。每次饲喂犊牛的初乳量不能超过其体重的 5%，即每次饲喂 1.25～2.5 千克初乳。犊牛出生后 0.5～1 小时喂初乳 2 千克，出生后 24 小时应喂 3～4 次；喂初乳前应将其水浴加热到体温 39 ℃，同时清洗奶瓶或奶桶。

犊牛与母牛隔离开：犊牛出生后应立即将其从产房移走并放在干燥、清洁的环境中。要确保犊牛及时吃到初乳，最好放在单独圈养犊牛的畜栏内。刚出生的犊牛对疾病没有抵抗力，给犊牛创造一个干燥、舒服的环境可减少患病和疾病传播的可能性；也便于饲养人员监测犊牛的采食情况和体况。

2. 出生后的第 1 周

培养良好的卫生习惯：保持犊牛舍的环境卫生；及时清洗饲喂用具；犊牛舍必须空栏 3～4 周并进行清洁消毒。

疾病观察：营养缺乏和管理不善是犊牛死亡率和发病率高的直接原因。因为健康的犊牛经常处于饥饿状态，食欲缺乏是不健康的第一症状，必须注意观察并及时治疗。

犊牛去角：带角的奶牛可对其他奶牛或工作人员造成伤害，大部分情况下应去角。去角时饲养员或技术员必须依照一定的技术指导和程序进行，避免刺激和伤害犊牛。

常乳和代乳品的使用：母牛产后 7 天所分泌的乳为初乳，必须保证犊牛及时吃到。7～10 天后，犊牛的食物应换成常乳，也可同时饲喂代乳品，或用代乳品直接饲喂犊牛，因犊牛 7～10 日龄时已能采食和消化质量较好的代乳品饲料。代乳品饲料只要能满足犊牛能量、蛋白质和口味及容易消化需要即可。同时，让犊牛自由采食优质青干草，以刺激其瘤胃发育。

（二）初乳期犊牛的饲养管理

新生犊牛期的饲养方法大致有两种：一种是出生后的犊牛立

即与母牛分开人工哺喂初乳；另一种是犊牛出生后留在母牛身边（隔栏内）共同生活 3～4 天，自行吸食母乳。前者用的人力多些，犊牛的初乳量能人为控制。母子分开饲养，便于对母牛管理，同时便于对犊牛状况进行观察。后者虽能节约劳力，畜主不必时刻惦记犊牛，但对犊牛能否及时吃上初乳没有十足把握。据检测，后者犊牛血中免疫球蛋白的浓度比人工哺乳者低。母牛乳房过大时初乳量多，犊牛吃奶时的动作与哺食量容易引起乳房病变，且母牛习惯于犊牛吮吸后，若再进行人工挤奶就十分不便。因此，稍大的牛群习惯于前者。

1. 初乳喂量与贮存

（1）人工哺喂初乳的量（头/天）。人工哺喂初乳的量一般是犊牛出生重的 1/10。第 1 次喂给 2 千克（要参照犊牛出生重的大小与其生活力的情况，灵活掌握）。以后每天 3 次，每次 1.5 千克为准，一般喂到第 5 天。

（2）多余初乳的应用。母牛产后 5 天以内的初乳不能做商品奶出售的，分泌量累计为 80～120 千克，犊牛只能消耗 40％左右。多余初乳的用途大致有 3 种：一是把初乳（冷藏）作为没有初乳的母牛所生的犊牛用奶；二是当做常乳使用。由于初乳营养浓度是常乳的 1.5 倍，为防止犊牛下痢，喂时可兑入适量温水。初乳量少而大龄犊牛多时，可按一定比例兑入常乳中喂牛，效果优于常乳；三是把初乳进行发酵后喂牛。当产犊集中时，多余初乳量大时可进行发酵贮存，陆续喂牛。

（3）初乳发酵的过程。把多余的初乳放入广口桶内，陆续装满，将桶置于清洁、干燥、背阴的室内，任其自然发酵。

发酵的适宜温度为 15 ℃上下。为防止奶中干物质的分离，应进行搅拌，每天不少于 2 次。

静置 2～3 天后发酵开始，由正常奶香逐渐变成酸奶香，并形成豆腐状，犊牛适口性很好，可以持续 30 天左右。这时的 pH 是 4.2～4.4。

40 天左右开始腐败臭，并见到脂肪、乳清、沉淀物 3 层分离现象，这时发酵奶不能再喂犊牛。

上述发酵描述是在外界温度 15 ℃的情况下所见。该过程随着外界温度变高而用于加速，相对的"分离"也变快。当天平均温度超过 20 ℃时，容易变质，养分损失较多。为延缓腐败可在发酵初期添加有机酸，促使 pH 尽快达到能抑制有害菌的繁殖的范围。可添加 1％乳酸或 1％乙酸或 1％丙酸。上述发酵初乳的原料中不应包括血奶、乳房炎奶和为治疗疾病而使用青霉素等抗生素药物后生产的奶。发酵的初乳不能代替新鲜初乳喂新生犊牛，只能用来代替常乳使用。犊牛增重表明，用发酵的初乳喂犊牛的效果与常乳是相当的。

2. 初乳期的饲养管理　出生后的犊牛应及时喂给初乳（1 小时以内最好），以后 24 小时内饲喂 5 千克，以保证足够的抗体蛋白量。

新生犊牛最适宜的外界环境是 15 ℃。因此，应给予保温、通风、光照及良好的舍饲条件，逐步培养犊牛对外界产生应答的能力。

喂给犊牛初乳温度应在 36 ℃以上，可用热水浴加温，若直接加温奶易凝固。用奶桶喂初乳时，应人工予以引导，一般是人将手指伸在奶中让犊牛吸吮，不得强行灌入。体弱牛或经过助产的犊牛，第 1 次喂奶，饮量很小，应耐心地在短时间内多喂几次，以保证必要的初乳量。

3. 常乳期犊牛的饲养管理　犊牛出生 5 天后从哺乳初乳阶段转入常乳阶段，牛也从隔栏放入小圈内群饲，每群 10～15 只。

哺乳牛的常乳期为 60～90 天（包括初乳阶段），哺乳量一般为 300～500 千克，日喂奶 2～3 次，奶量的 2/3 在前 30 天或 50天内喂完。

要尽早补饲精粗饲料，犊牛生后 1 周左右即可训练其采食代乳料，开始每天喂奶后人工向牛嘴及四周填抹极少量代乳料，以引导犊牛开食，2 周左右开始向草栏内投放优质干草供其自由采食。1 个月以后可供给少量块根与青贮饲料。

要供给犊牛充足的饮水，奶中的水不能满足犊牛的生理代谢需要，尤其是早期断奶的犊牛，需要采食干物质量的 6～7 倍的水。除了在喂奶后加必要的饮用水外，还应设水槽供水，早期（1～2 月龄）要供温水且水质要经过测定。

犊牛的主要疾病（特别是早期）有大肠杆菌与病毒感染的下痢、多种微生物引起的呼吸道病。除及时喂给犊牛初乳增强肠道黏膜的保护作用和刺激其自身的免疫能力外，还应从犊牛出生起严格消毒，为犊牛提供良好的生活环境。包括：哺乳用具每用 1 次就应清洗、消毒 1 次。每头牛有一个固定奶嘴和毛巾，每次喂完奶后擦净嘴周围的残留奶。犊牛围栏、牛床应定期清洗、消毒，保持干燥。垫料要勤换，北方冬季寒冷可经常加铺新垫料，下面的旧垫料产生的生物热可以提高畜舍及犊牛身体四周的温度。隔离间及犊牛舍的通风要良好，忌贼风；舍内要干燥，忌潮湿；阳光充足（舍的采光面积要合理）；冬季注意保温，夏季要有降温设施。牛体要经常刷拭（严防冬春季节体虱、疥癣的传播），保持一定时间的日光浴。

犊牛期要有一定的运动量，从 10～15 日龄犊牛应有一定的活动场地，尤其是 3 个月转入大群饲养后，应有意识地引导其活动，或强行驱赶，如能放牧就更好。每天经过一段铺有较大鹅卵石的河滩地放牧的牛，其四肢及蹄的硬度比不经过的大。

4. 早期断奶　乳用犊牛断奶时间的确定，应考虑犊牛初生重和牛的饲料状况等。目前，通常对 35～45 千克初生重的犊牛采用 60 天断奶的饲养方案。喂奶为 60 天的早期断奶的饲养方案为：

犊牛出生后 2 小时内，喂给第一次挤出的初乳。

1～7 天的日喂奶量为 8 千克，分 3 次喂。

8～35 天的日喂奶量为 6 千克，分 2 次喂。

36～50 天的日喂奶量为 5 千克，分 2 次喂。

51～56 天的日喂奶量为 4 千克，分 2 次喂。

57～60 天的日喂奶量为 3 千克，在夜间 1 次喂下。

上述方法犊牛的喂奶总量为 300～320 千克。

犊牛出生后即开始喂初乳，持续 5～7 天，此后，用常乳代替初乳，直至 60 日龄。同时，从犊牛出生后的第 7 天开始，饲喂由玉米、大麦、豆粕（熟）、少量花生粕、鱼粉、磷酸氢钙、添加剂等组成的开食料、干草和水。开食料的粗蛋白质含量一般高于 21％，粗纤维为 15％以下，粗脂肪 8％左右。犊牛的开食料最好制成颗粒料。开食料的喂量可随需增加，当犊牛一天能吃到 1 千克左右的开食料时即可断奶。60 天早期断奶有利于控制犊牛腹泻、促进瘤胃更早发育、提高其对粗饲料的消化和利用力、降低饲养成本，为牛成年后采食大量饲料奠定基础。

犊牛断奶后，继续喂开食料到 4 月龄，日食精料应在 1.8～2.5 千克，以减少断奶应激。4 月龄后方可换成育成牛或青年牛精料，以确保其正常生长发育。

二、育成牛的饲养管理

7 月龄至 1 周岁的牛称为育成牛。在此期间，牛的性器官和第二性征发育很快，生长较快，消化器官发育迅速，容积扩大 1～3 倍。对这一时期的育成牛，在饲养上要供给足够的营养物质，除给予优良牧草、干草和多汁饲料外，还必须适当地补充一些精饲料。从 9～10 月龄开始，可掺喂一些秸秆和谷糠类饲料，其总量占粗饲料总量的 30％～40％。育成母牛的饲养方案见表 2－2。

表 2－2　育成母牛的饲养方案

月龄	精料 [千克/（头·天）]	玉米青贮 [千克/（头·天）]	羊草 [千克/（头·天）]
7～8	2	10.8	0.5
9～10	2.3	11	1.4
11～12	2.5	12	2

育成牛管理要点：

① 分群管理。犊牛满 6 月龄后转入育成牛舍时，公母牛应分群饲养。应尽量把年龄体重相近的牛分在一起。生产中一般按不同月龄分群，以便于饲养管理。

② 讲究卫生。对育成牛，每天至少刷拭 1～2 次，每次 5～8 分钟。在舍饲期间，应注意保持环境清洁。晴天还要多让其接受日光照射，以促进机体吸收钙质、促进骨骼生长，但要严禁烈日下长时间暴晒。

三、青年牛的饲养管理

12～18 月龄称为青年牛。此阶段奶牛消化器官容积更大。此阶段应训练青年母牛大量采食青绿饲料，以促进其消化器官和体格发育，为成年后采食大量青粗饲料，提高产奶量创造条件。日粮应以粗饲料和多汁饲料为主，其重量约占日粮总量的 75%，其余的 25% 为混合精料，以补充能量和蛋白质的不足。为此，青贮以及青绿饲料的比例要占日粮的 85%～90%，精料的日喂量保持在 2～2.5 千克。青年母牛的饲养方案见表 2-3。

表 2-3　青年母牛的饲养方案

月龄	精料 [千克/(头·天)]	玉米青贮 [千克/(头·天)]	羊草 [千克/(头·天)]
12～14	2.5	12.5	3
15～16	2.5	13	4
17～18	2.5	13.5	4.5
19～20	3	16	2.5
21～22	4	11	3
23～26	4.5	6	5

18～24 月龄正是奶牛交配受胎阶段。该阶段母牛自身的生长发育逐渐变缓慢。这阶段的育成母牛的营养水平要适当。过高易导致牛体过肥造成受孕困难；即使受孕，也会影响胎儿的正常

发育和分娩。过低易使奶牛排卵紊乱，不易受胎。因此，这阶段应以品质优良的干草、青绿饲料、青贮饲料和块根饲料为主，精料为辅。到妊娠后期，适当增加精料喂量，每天可喂 2～3 千克，以满足胎儿生长发育的需要；在有放牧条件的地区，育成牛应以放牧为主，并根据牧草生长情况对饲料喂量酌情增减。

青年牛的管理要点：

① 定期测量体尺和称重，及时了解牛的生长发育情况，纠正饲养不当（表 2-4）。

表 2-4 后备母牛各阶段的理想体高和体况

月龄	3	6	9	12	15	18	21	24
体高（厘米）	92	104～105	112～113	118～120	124～126	129～132	134～137	138～141
体况评分（分）	2.2	2.3	2.4	2.8	2.9	3.2	3.4	3.5

② 加强运动。在没有放牧条件的地区，对拴系饲养的育成母牛，应每天在运动场驱赶运动 2 小时以上，以增强体质、锻炼四肢，促进乳房、心血管及消化、呼吸器官的发育。

③ 做好发情、繁殖记录。

④ 按摩乳房。为促进育成牛特别是妊娠后期育成牛乳腺组织的发育，应在给予良好的全价饲料的基础上，适时按摩乳房。对 6～18 月龄的育成母牛每天可按摩 1 次。18 月龄以后每天按摩 2 次。按摩可与刷体同时进行。每次按摩时要用热毛巾揩擦乳房，产前 1～2 个月停止按摩。但在此期间，切忌擦拭乳头，以免引起乳头龟裂或病原菌从乳头侵入，导致乳房炎发生。

如有条件放牧，无论是育成母牛还是青年母牛都可以放牧饲养，但应充分估计母牛食入的草量，不足部分由精料补充。如草地质量不好，则不能减少精料用量。放牧奶牛回舍后，如有未吃的迹象，应补喂干草或多汁料。有资料表明，在优质草地上放牧，可节省精料 30%～50%。

四、成年母牛的饲养管理

成年母牛是指初次产犊后的母牛。从第一次产犊开始，成年母牛周而复始地重复着产奶、干奶、配种产犊的生产周期。成年母牛的饲养管理是奶牛的生产核心，其饲养管理直接关系到母牛产奶性能的高低和繁殖性能的好坏，进而影响奶牛的生产经济效益。

（一）几个基本概念

1. 泌乳周期 母牛第一次产犊后便进入成年母牛的行列，开始了正常的周而复始的生产周期。因为乳用母牛的主要生产性能是泌乳，所以它的生产周期是围绕着泌乳进行的，因而称泌乳周期。母牛的泌乳是一个繁殖性状，与配种、妊娠、产犊密切相关，并互相重叠。一个完整的泌乳周期包括以下几个过程。

泌乳—干奶—泌乳。母牛产犊后即开始泌乳，为了满足妊娠后期快速生长的胎儿的营养需要，让母牛在产犊前两个月停止产奶（称为干奶），产犊后又重新泌乳，即在一年内母牛产奶305天，干奶60天。

配种—妊娠—产犊。母牛一般在产犊后60～90天配种受胎，妊娠期280天，从这次产犊到下次产犊大约相隔一年。

2. 泌乳阶段的划分 奶牛的一个泌乳周期包括两阶段，即泌乳期（约305天）和干奶期（约60天）。在泌乳期中，奶牛的产奶量并不固定，而是呈一定的规律性变化，采食量、体重也呈一定的规律性变化。为了根据这些变化规律进行科学的饲养管理，将泌乳期划分为3个阶段，即泌乳早期，从产犊开始到第10周末；泌乳中期，从产后第11周到第20周末；泌乳后期，从产后第21周到干奶。

3. 泌乳曲线 母牛在产犊、受孕、泌乳过程中，生理上发生一系列变化。在怀孕后期，受雌激素、生长激素和催乳素的作用，母牛乳腺迅速发育，乳腺小泡和输乳导管蓄积的初乳不断增多，乳房膨胀起来；分娩时，因催乳素和促肾上腺皮质激素含量不断增多，孕酮下降，刺激泌乳，所以分娩的同时母牛分泌大量乳汁，达到一定高峰期后开始下降，直至干奶。泌乳奶牛从产犊、泌乳、受孕到干奶再产犊的全过程称为一个泌乳期。泌乳期的长短与个体差异、营养状况、是否怀孕有关，短则 7 个月左右，长的可达 1 年以上。

将奶牛每天（每月）的泌乳量按日期和产奶量的对应关系，在坐标纸上绘制出曲线，该曲线称为泌乳曲线。泌乳曲线能反映奶牛泌乳均衡性规律，也可反映个体乳牛泌乳遗传的优劣、奶牛的营养满足程度、管理水平的高低、阶段性的健康程度，为奶牛育种和提高饲养管理水平提供必要的依据。

（二）干奶期母牛的饲养管理

干奶是指奶牛在产犊前的一段时期内停止挤奶，使乳房、奶牛机体得到修整的过程，这个时期称为干奶期。

1. 干奶方法　逐渐干奶法：在预定干奶前 10 天左右开始变更饲料，逐渐减少青绿多汁饲料和精料喂量，增加干草喂量，控制饮水，停止乳房按摩，挤奶由每天 3 次改为 2 次到 1 次。再到隔日 1 次。打乱挤奶时间，同时采取增加母牛运动时间，打乱牛的生活习惯等措施。日产奶降至 5 千克左右时，即停止挤奶，整个过程需 10～20 天，此法多用于高产奶牛。

快速干奶法：一般在 3～5 天使母牛干乳。方法是先停喂多汁饲料，适当减少精料，以喂青干草为主，控制饮水，加强运动，第一天挤奶由 3 次减为 2 次，第 2～3 天减为 1 次，使其生活规律发生巨变，产奶量显著下降，日产奶下降到 5～8 千克时，就停止挤奶。此法多用于中低产奶牛。

经验证明，无论采取何种干奶法，饲养者均应经常观察乳房情况，如乳房肿胀变硬，奶牛表现不安时，可把奶挤出，重新采取干奶措施。如乳房有炎症，则应及时处理，待炎症消退后，再进行干奶。乳牛干奶期的长短，要根据母牛具体情况而定，一般是 45～75 天，平均 60 天。初产、高产牛和营养不良的母牛，可适当延长干奶期（65～75 天）；体况良好、产奶量较低的母牛，干奶期可缩短为 45 天。

2. 饲养要点

（1）干奶前几天少喂或停喂多汁青绿饲料，控制饮水，增喂粗饲料，必要时减喂精饲料（表 2-5），并打乱挤奶时间和次数，最后一次要把乳房中的奶挤干净。干奶后 5～7 天，若乳房还没有变软，这时仍然应采用干奶时的日粮。7 天后，乳房已变软，应开始逐渐增加精料和多汁饲料，用 5 天左右过渡到干奶母牛的饲养标准。此期的饲养既要照顾到营养价值的全面性，又不能把牛喂得过肥，达到中上等体况即可。

表 2-5　干奶牛的精料配方（%）

原料 阶段	玉米	豆粕	麸皮	棉籽粕	米糠	预混料	其他
干奶前期	40	13	18	7	10	1	11
干奶后期	41	15	25	4	7		8

（2）干奶后期要逐渐增加精料，每天增加 0.45 千克，直到每 100 千克体重精料 1～1.5 千克为止。日粮中提高精料水平，对头胎育成母牛更为必要。要防止乳热症，必须每天让牛摄入 100 克以下的钙和 45 克以上的磷，还要满足维生素 D 的需要量。逐渐提高精料水平有利于瘤胃微生物区系较早地适应生存环境，并使母牛在此期适当增重。这样，奶牛分娩后能量供应迅速增加；可减少瘤胃酸中毒或其他营养代谢病的发生。产前 4～7 天，如乳房过度肿大，则要减少或停喂精料和多汁饲料。产前 2～3 天，日粮中应加入麸皮等轻泻饲料，以防奶牛便秘（表 2-6）。

3. 管理要点

（1）饲料应新鲜，且质量良好，绝对不能饲喂冰冻饲料、腐败霉变饲料和有麦角、霉菌、毒草的饲料，冬季不可饮过凉的水。

表2-6　干奶牛的日粮组成

体重 （千克）	干奶期	精料 ［千克/（天·头）］	中等羊草 ［千克/（天·头）］	玉米青贮 ［千克/（天·头）］
600～650	前期	3	3～3.5	18
600～650	后期	3	3～3.5	18
500～550	前期	3	2.5～3	17
500～550	后期	3	2.5～3	17

（2）坚持适当运动。夏季可在良好的草地放牧，让其自由运动；冬季可在户外运动场每天运动2～4小时。此期运动不仅可促进奶牛血液循环，利于健康，更主要的是有助于分娩，可减少难产和胎衣滞留。还应增加日照，促进维生素D的形成，防止产后瘫痪。重胎牛运动时，中间走道要铺垫草，以防道路打滑，出入门时要防止相互挤撞。此外，要注意清除运动场的铁器、异物，保持干燥清洁。

（3）卫生管理。干奶牛新陈代谢旺盛，每天必须对牛体进行刷拭，以清除皮肤污垢，促进血液循环。每天至少刷拭2次。同时，必须保持牛床清洁干燥，尤其应注意保持后躯和乳房的清洁卫生。

（三）围生期母牛的饲养管理

围生期是指奶牛临产前15天至产后15天这段时间，习惯上将产前15天和产后15天分别称为围生前期和围生后期。这个时期饲养管理的好坏直接关系到犊牛的正常分娩、母体的健康及产后生产性能的发挥和繁殖表现。

1. 围生前期的饲养管理　预产期前15天母牛应转入产房，进行产前检查，注意观察有无临产征候出现，做好接产准备。日粮中适当补充维生素A、维生素D、维生素E和微量元素，对产后子宫的恢复，提高产后配种受胎率，降低乳房炎发病率，提高产奶量具有良好作用。

2. 围生后期的饲养管理 分娩过程中母牛体力消耗很大，损失大量水分，体力很差，因而母牛分娩后应先喂给温热的麸皮盐水粥（麸皮 500 克、食盐 50 克、石粉 50 克、水 10 千克），以补充水分，促进体力恢复和胎衣的排出，并给予优质干草让其自由采食。产后母牛消化机能较差，食欲不佳，因而产后第 1 天仍按产前日粮饲喂，产后第 2 天起可根据母牛健康情况及食欲每天增加 0.5～1.5 千克精料，并注意饲料的适口性。控制青贮、块根、多汁料的供给。母牛产后应立即挤初乳饲喂犊牛，但由于母牛乳房水肿尚未消除，体力较弱，第 1 天只挤出够犊牛吃的奶量即可，第 2 天挤出乳房内奶的 1/3，第 3 天挤出 1/2，从第 4 天起可全部挤完。每次挤奶前应对乳房进行热敷和轻度按摩。注意母牛外阴部的消毒和环境的清洁干燥，防止产褥疾病发生。加强母牛产后的监护，尤为注意胎衣排出与否及其完整程度，以便及时处理。夏季注意产房的通风与降温，冬季注意产房的保温与换气。

（四）泌乳牛的饲养管理

1. 泌乳早期的饲养 泌乳早期又称升乳期或泌乳盛期。泌乳早期的饲养是整个泌乳期饲养的关键，关系到母牛整个泌乳期的产奶量及其自身的健康，以及代谢病的发生与否及产后的正常发情与受胎；也是整个泌乳期饲养中最复杂、最困难的时期，必须加以高度重视。

此期母牛产奶量由低到高迅速上升，并达到高峰，是整个泌乳期中产奶量最高的阶段。因此，此期饲养效果的好坏，直接关系到奶牛整个泌乳期产奶量的高低。此期母牛的消化能力和食欲处于恢复时期，采食量由低到高逐渐上升，但是上升的速度小于产奶量的上升速度，奶中分泌的营养物质高于进食的营养物质，母牛须动员体贮进行泌乳，处于代谢负平衡，体重下降。此期的饲养目标是尽快使母牛恢复消化机能和食欲，千方百计提高其采食量，缩小进食营养物质与奶中分泌营养物质之间的差距。在提高母牛产奶量的同时，力争使母牛减重达到最小，以避免由于减重过多所引发的酮病。

在管理上，应注意：

（1）分群饲养。在生产上，按泌乳的不同阶段对奶牛进行分群饲养，可做到按奶牛的生理状态科学配方、合理投料，而且日常管理方便、可操作性强。对于奶牛未能达到预期的产奶高峰，应检查日粮的蛋白水平。

（2）适当增加挤奶次数。有条件的牛场，对高产奶牛，可挤4 次，有利于提高整个泌乳期的奶量。

（3）及时配种。奶牛产后 30～45 天，生殖器官已逐步复原，有的开始有发情表现，这时可进行直肠检查，及早配种。

2. 泌乳中期的饲养 泌乳中期又称泌乳平稳期。此期母牛的产奶量已经达到高峰并开始下降，而采食量则仍在上升，进食营养物质与奶中排出的营养物质基本平衡，奶牛体重不再下降，保持相对稳定。

泌乳中期奶牛食欲最旺盛，日粮干物质进食量达到最高（尔后稍有下降），泌乳量由高峰逐渐下降。为了使奶牛泌乳量维持在一个较高水平而不致降低太多，在饲养上应做到以下几点：

（1）按"料跟着奶走"的原则，即随着泌乳量的减少而逐步减少精料用量。

（2）喂给多样化、适口性好的全价日粮。在精料逐渐减少的同时尽可能增加粗饲料用量，以满足奶牛的营养需要。

（3）身体瘦弱的牛，要稍增加精料以利于其恢复体况；对中等偏上体况的牛要适当减少精料以免其过度肥胖。

（4）日粮营养水平调整到：日粮中干物质进食量占体重的3%～3.3%，每千克干物质含 2.1～2.25 个奶牛能量单位，钙0.6%～0.8%，磷 0.35%～0.6%，粗蛋白质 14%～15%，粗纤维 16%～17.5%，精粗料比为（45∶55）～（50∶50）。

3. 泌乳后期的饲养　泌乳后期母牛的产奶量在泌乳中期的基础上继续下降，且下降速度加快，采食量达到高峰后开始下降，进食的营养物质超过奶中分泌的营养物质，代谢为正平衡，体重增加。这一时期，母牛食入营养主要用于维持、泌乳、修补体组织、胎儿生长和妊娠沉积等方面。所以，该阶段应以粗料为主。在饲养上应根据营养需要，将奶牛膘情调整到合适的状态，还需防止过度肥胖。日粮营养水平调整到：日粮中干物质进食量占体重的 2.8%～3.2%，每千克干物质含 2.1～2.2 个奶牛能量单位，粗蛋白质 13%～15%，钙 0.4%～0.65%，磷 0.3%～0.5%，粗纤维 18%～21%，精粗料比（30∶70）～（40∶60）。

4. 注意事项

（1）母牛产犊后应密切注意其子宫的恢复情况，如发现炎症应及时治疗，以免影响产后的发情与受胎。

（2）母牛在产犊两个月后如有正常发情即可配种，应密切观察其发情情况，如发情不正常则要及时处理。

（3）泌乳早期要密切注意母牛对饲料的消化情况，因此时母牛采食精料较多，易发生消化代谢疾病，尤其应注意瘤胃弛缓、酸中毒、酮病、乳房炎和产后瘫痪。

（4）加强母牛的户外运动，加强刷拭，并给母牛提供一个良好的生活环境，冬季注意保温，夏季注意防暑和防蚊蝇。

（5）供给母牛足够量的清洁饮水。

（6）怀孕后期注意保胎，防止流产。

五、挤奶方法与挤奶技术

挤奶是成年母牛饲养管理中的重要工作环节，良好的挤奶技术和科学的操作程序可提高母牛产奶量，促进母牛乳房健康，保证奶的质量。

（一）奶的分泌与排出

1. 奶的分泌　母牛泌乳期间，奶的分泌是连续不断的，刚挤完奶时，乳房内压低，奶的分泌最快，随着奶的分泌，贮存于乳池、导乳管、末梢导管和乳腺泡腔中的乳不断增加，乳房内压不断升高，使奶的分泌逐渐变慢，这时如不将奶排出（挤奶或犊牛吸吮），奶的分泌最后会停止。如果排出乳房内积存的乳汁（挤奶或犊牛吸吮），使乳房内压下降，奶的分泌便重新加快。

2. 排乳反射 挤奶、犊牛吸吮，会刺激母牛乳头和乳房皮肤的神经，传至神经中枢导致垂体后叶释放催产素，经血液到达乳腺，从而引起乳腺肌上皮细胞收缩，使乳腺泡腔内和末梢导管内贮存的乳受挤压而排出，此过程称排乳反射。排乳反射对挤奶是非常重要的。奶牛在两次挤奶之间分泌的牛奶，大部分贮存于乳腺泡及导管系统内，小部分贮存于乳池中，只靠挤奶操作，只能挤出乳池中及一小部分导管系统中的奶，而大部分贮存于乳腺泡及导管系统中的奶不能被挤出。只有靠排乳反射才能挤出乳房内大部分（全部）的奶。排乳反射时的刺激包括对乳房和乳头的按摩刺激，挤奶的环境条件等。排乳反射维持很短的时间，一般不超过5～7分钟。因而，在挤奶时一定要按操作规程迅速将奶挤完。

（二）挤奶技术

为了提高奶牛的产奶量，除了重视育种和科学的饲养管理外，还要掌握正确的挤奶技术。经验证明，在正常的饲养条件下，正确和熟练的挤奶技术能充分发挥奶牛的产奶潜力，获得量多质好的牛奶，并可防止乳房炎发生。挤奶的方法有手工挤奶和机器挤奶两种。我国目前奶牛业中机械化水平还不很高，除大中型奶牛场采用机器挤奶之外，手工挤奶仍占相当比重。而且即使采用机器挤奶，也还需与手工挤奶相配合。

（1）手工挤奶方法。有两种，即拳握法和滑榨法。

拳握法：先用拇指与食指握紧乳头上端，使乳头乳池中的乳不能向上回流，然后中指、无名指和小指顺序依次握紧乳头，使乳头乳池中的乳由乳头孔排出。适用于乳头较长的奶牛。

滑榨法：先用拇指、食指和中指捏紧乳头基部，然后向下滑动，使乳头乳池中的奶由乳头孔排出。适用于乳头较短的奶牛。滑榨法易对乳头皮肤造成伤害，因而如果乳头长度允许的应尽量采用拳握法挤奶。

手工挤奶效率低，工人劳动强度大，容易对牛奶造成污染，优点是容易发现乳房的异常情况，并及时处理。在牛场规模较小，劳动力价格较低的情况下可采用手工挤奶。

（2）挤奶过程。手工挤奶时，奶桶一定要夹在挤奶员的两腿之间，要注意牛的后腿，防止奶桶被牛踢翻；通常挤奶员坐在牛的右侧的挤奶凳上，避免用头或肩碰牛的肋腹以防止桶里掉进脏物和毛发等；仔细清洗擦拭乳房；当前乳区的奶将全部挤空时，挤奶员就应开始挤后乳区的奶。当4个乳区都挤空到相同程度时，就应回过头来再挤前两个乳区，挤出最后部分的奶。然后，以相同的方式再挤两个后乳区；在接近挤完奶时再次按摩乳房，然后将最后的奶挤净，将乳头擦干，药浴乳头。

（三）机器挤奶

挤奶机械尽可能模仿犊牛吸奶的动作。犊牛吸奶的频率为45～70次/分钟。因此，机器挤奶也应交替地采用吮吸和按摩这两个动作，利用挤奶机形成的真空将乳房中的奶吸出。

挤奶机有便携式挤奶机、固定管道式挤奶机、各种形式的挤奶台、可移动式挤奶车等。就奶的产量、质量和乳房卫生来说，机械挤奶时，各种方法都可达到同样理想的效果。此外，乳房准备就绪后，应立刻安上挤奶器，至少要在45秒内完成。挤完奶立即将挤奶机拿走后，并把乳头浸湿或喷上药物。

机器挤奶有利于提高牛奶的卫生质量和产奶量，也有利于保护奶牛的乳房，同时可以降低劳动强度，提高劳动生产率。虽然机器挤奶有上述优点，但操作时必须严格执行操作规程，特别要注意擦洗乳房，消毒并擦净乳头，检查牛奶是否正常；要严格清洗挤奶机械，并保持其完好，定期检修和更换挤奶杯；挤奶节拍要合适，挤奶完毕必须立即去除奶杯，防止空吸乳房，最好购买奶杯自动脱落的挤奶器。

第六节　奶牛生产性能测定

奶牛生产性能测定，是对奶牛泌乳性能及乳成分的测定，通常用 DHI(Dairy Herd Improvement，DHI) 表示。其含义是奶牛群体改良，也称牛奶记录系统。DHI 系统的分析结果即 DHI 报告可以为牛场管理牛群提供科学的方法和手段，同时为育种工作提供完整而准确的数据资料。

一、DHI 推广应用的意义

DHI 是适用于奶牛生产的一项应用型技术。该技术克服了过去依据奶牛体形、体况（膘情）和兽医学检查等方法，评定奶牛生产性能与生理或病理状态时的主观性、滞后性等缺陷，通过客观测定牛奶中各主要成分组成及比例、体细胞含量与分类、综合生产性能等指标，应用电脑程序的系统分析与评定，更科学地预测和判断奶牛生产性能、生理状态和健康状态，从而达到：

1. 通过调节奶牛饲料日粮的营养成分、营养水平和饲养管理方法，改善奶牛的体质，提高产奶量和牛奶营养含量。

2. 监测奶牛健康状况，实现牛乳房炎、消化与代谢紊乱等高产奶牛最常见的疾病的早期预防和控制，维持产奶牛最佳生理与生产状态。

3. 预测奶牛产奶潜力，淘汰低产牛，并辅助牛的选种。

国外应用 DHI 以来，提高了奶牛群体品质，极大地改善了牛群的健康状态，减少了乳房炎等奶牛常见病的发病率，使奶牛的产奶量和牛奶的质量得到大幅度提高，并为奶牛的辅助选种提供了重要的依据。近几年，我国一些大的奶业公司已经开始推广应用 DHI，并取得了良好的效果。

二、DHI 情况介绍

DHI 的具体工作由专门的测试中心来完成，牛场可自愿加入，双方达成协议后即可开展工作。测试中心将派专职采样员定期（原则上每月 1 次）到各牛场取样，收集奶量与基础资料，并将资料和奶样一起送至测试中心，测试中心负责对奶样进行奶成分和体细胞检测，并把测试结果用计算机处理，最终得出 DHI 报告，反馈到奶牛场。

DHI 测试对象为具有一定规模（20 头以上母牛）且愿运用这一先进管理技术进行管理的奶牛场。采样对象为所有泌乳牛（不含 15 天之内新产牛，但包括手工挤奶的患乳腺炎的牛），测定间隔时间为 1 个月 1 次（21～35 天/次），参加测定后不应间断，否则会影响数据的准确性。

DHI 的工作程序

1. 采样 用特制的加有防腐剂的采样瓶对参加 DHI 的每头产奶牛每月取样 1 次。所取奶样总量约为 40 毫升。每天 3 次挤奶者，早、中、晚的比例为 4：3：3；每天 2 次挤奶者，早晚的比例为 6：4。

2. 收集资料 新加入 DHI 系统的奶牛场，应填写专业表格交给测试中心；已进入 DHI 系统的牛场每月只需把繁殖报表、产奶量报表交付测试中心。

3. 奶样分析 奶样分析由测试中心负责进行，主要测试指标有：乳蛋白率、乳脂率、乳糖率、乳干物质含量以及体细胞数等。

4. 数据处理及形成报告 将奶牛场的基础资料输入计算机，建立牛群档案，并与测试结果一起经过牛群管理软件和其他有关软件进行数据加工处理形成 DHI 报告。另外，还可根据奶牛场需要提供 305 天产奶量排名报告、不同牛群生产性能比较报告、体细胞总结报告、典型牛只泌乳曲线报告、DHI 报告分析与咨询。

三、几种常用 DHI 数据指标在生产中的应用

奶牛生产性能测定体系测定基础指标有日产奶量、乳脂率、乳蛋白率、体细胞数、乳糖率及总固体率。在最后形成的 DHI 报告中有 20 多个指标，这些是根据奶牛的生理特点及生物统计模型统计推断出来的，通过这些指标可以更清楚地掌握当前牛群的性能表现状况，牛场管理者也可以从其中发现生产中存在的问题。

（一）泌乳天数（DMI）

指产犊至测奶日的泌乳天数。通过此信息可以得知牛群整体及个体所处的泌乳阶段。在全年配种均衡的情况下，牛群的平均泌乳天数应为 150～170 天，如果 DHI 报告提供的这一信息显著高于这一指标，则说明牛场在繁殖方面存在问题，应该加以改进或对牛群进行调整，对于长期不孕牛应该采取淘汰或特殊的治疗办法，保证牛群各牛只泌乳阶段有一个合理高效的比例结构。

（二）胎次

胎次是衡量泌乳牛群组成结构是否合理的一个重要指标。一般情况下，牛群合理的平胎次为 3～3.5 胎，处于此状态的成乳牛群能充分发挥其优良的遗传性能，具有较高的产乳能力，养殖效益也高；另外，也有利于维持牛场后备牛群与成乳牛的结构合理。调整牛群胎次比例结构，可提高牛群产奶量和经济效益。

（三）乳脂率和乳蛋白率

乳脂率和乳蛋白率是衡量牛奶质量和按质定价的两个重要指标。乳脂率和乳蛋白率高低主要受遗传和饲养管理两方面的因素影响。DHI 报告提供的乳脂率和乳蛋白率数据资料对牛场选择公牛精液，促进牛群遗传性能提高，做好选配选育工作具有重要指导作用。另外，乳脂率和乳蛋白率下降可能是由饲料配比不当、日粮成分不平衡、饲料加工不合理、奶牛患代谢病等因素引起。

（四）脂肪蛋白比

脂肪蛋白比是指牛奶中脂肪率与蛋白率的比值。一般脂肪蛋白比值应为 1.12~1.36，如果乳脂率太低，可能是瘤胃功能不佳，存在代谢性疾病；日粮组成或精粗料物理性加工有问题。如果脂肪蛋白比太低，可能是日粮组成中精料太多，缺乏粗纤维。

（五）校正奶

DHI 报告中提供的校正奶是依据实际泌乳天数和乳脂率校正为 150 天、乳脂率为 3.5% 的日产奶量。可用于不同泌乳阶段奶牛泌乳水平的比较；也可用于不同牛群之间生产性能的比较。这为牛群的改良、选育提供参考数据。

（六）体细胞数（SCC）

体细胞数（SCC）是指每毫升奶中所含巨噬细胞、淋巴细胞、嗜中性白细胞的总数。奶中体细胞数是衡量乳房健康程度和奶牛保健状况的重要指标，是牧场饲养管理工作中的一个指导性数据，奶中体细胞增加也会导致奶牛产奶性能和乳汁质量下降，乳汁成分及乳品风味变化。

理想的牛奶体细胞数为：第 1 胎≤15 万个/毫升、第 2 胎≤25 万个/毫升、第 3 胎≤30 万个/毫升。SCC 升高与许多因素有关。一般情况下，泌乳早期的细胞数要高于泌乳中期；SCC 随胎次的增加而增加；寒冷或低温季节的 SCC 要低于高温季节；应激会导致 SCC 升高；乳腺炎会导致 SCC 显著升高。

对于体细胞数较高的牛群，应检查挤奶设备的消毒效果；挤奶设备的真空度及真空稳定性（真空泵节拍要均匀，不均匀易发隐性乳房炎）；奶衬性能及使用时间（奶衬破了要及时更换，否则易伤乳头）；牛床、运动场等环境卫生及牛体卫生、挤奶操作卫生。

（七）奶损失

指乳房受细菌感染而造成的泌乳损失。DHI 报告为牛场提供了详细的每头牛因乳房感染而造成的奶损失和牛群平均奶损失，为牛场计算具体经济损失提供了依据。产奶损失与体细胞的关系及计算公式见表2-7。

表2-7　产奶损失与体细胞的关系及计算公式

体细胞数（SCC）	奶损失（X）
SCC＜15万个	$X=0$
15万个≤SCC＜25万个	$X=1.5×$产奶量$/98.5$
25万个≤SCC＜40万个	$X=3.5×$产奶量$/96.5$
40万个≤SCC＜110万个	$X=7.5×$产奶量$/92.5$
110万个≤SCC＜300万个	$X=12.5×$产奶量$/87.5$
SCC≥300万个	$X=17.5×$产奶量$/82.5$

（八）305天产奶量

DHI报告数据中，如果泌乳天数不足305天则为预计产量，如果满305天则该数据为实际奶量。连续测奶3次即可得到305天的预测奶量。通过此指标可了解不同个体及群体的生产性能，可以分析得出饲养管理水平对奶牛生产性的影响。例如，某一头牛在某月的泌乳量显著低于所预测的泌乳量，则说明饲养管理等方面的某些因素影响了奶牛生产性能的充分发挥；相反则说明本阶段的饲养管理水平有所提高。此指标也可以反映出该牛场整体饲养管理水平的发展变化。

（九）峰值奶量与峰值日

峰值奶量是指一个泌乳期的最高日产奶量，正常情况下在产后约50天出现产奶高峰，在产后约90天出现采食高峰。泌乳早期奶牛体重下降，直至采食高峰后，开始恢复。如果希望产奶量提高，必须注意峰值奶量。

峰值日表示产奶峰值日发生在产后的多少天。该项提供了营养的指标，一般奶牛产后4～6周达到其产奶高峰。

如果高峰提前到达，产奶量很快下降，应从补充微量元素、加强疾病防治方面入手。奶如果产后正常达到产奶高峰，但持续力较差，达到高峰后很快又下降，说明产后日粮配合有问题。如果产奶高峰很晚达到，则说明奶牛饲养不当或分娩时体况太差。

（十）干奶期时间

指具体的干奶期时间。如果干奶时间过长，则说明牛群在繁殖方面存在问题；如果干奶期时间过短，则说明牛场存在影响奶牛及时干奶的管理和非管理问题，将会影响到下胎次的产奶量。

（十一）泌乳天数

指奶牛在本胎次中的实际泌乳天数，可反映牛群在过去一段时间的繁殖状况。泌乳期太长说明牛群存在繁殖等一系列问题，可能是配种技术问题，也可能是饲养管理问题，也可能是一些非直接原因所致。

（十二）持续力

根据个体牛只测定日奶量与前次测定日奶量，可计算出个体牛只的泌乳持续力（泌乳持续力＝测试日奶量/前次测试日奶量×100％），用于比较个体牛只的生产持续能力。泌乳持续力随着胎次和泌乳阶段而变化，一般头胎牛产奶量下降的幅度比二胎以上的要小。

影响泌乳持续力的两大因素是遗传和营养。泌乳持续力高，可能预示着前期的生产性能表现不充分，应补足前期的营养不良。泌乳持续力低，表明目前饲养配方可能没有满足奶牛产奶需要，或者乳房受感染、挤奶程序、挤奶设备等其他方面存在问题。

第三章

EDTN现代饲养管理模式

第一节　EDTN 饲养管理模式的概念及组成

一、EDTN 饲养管理模式的概念

基于现代养牛新理念，科学地选择牛场场址，合理地对场区进行规划和布局，使自然环境、场区环境和奶牛生物环境三者和谐统一；依据奶牛不同生理阶段和生产性能对牛群分群管理；开展奶牛生产性能测定，实施奶牛群改良方案；调整饲料配方，革新饲喂方式；运用网络技术，实现牛群数字化管理；建立在奶牛饲养管理新理念基础之上的一种科学、便捷、高效的现代化奶牛饲养管理新模式。

二、EDTN 模式的组成

1. E(Environment，奶牛环境)　奶牛环境包括自然环境、场区环境和奶牛生物环境三部分。EDTN 饲养管理模式，就是通过对奶牛大环境的控制，为奶牛高产创造出"舒适、干燥、干净"的饲养环境。奶牛环境条件的改善更贴切地还牛于自然，使奶牛更加健康、高产，牛奶产量、质量明显提高。

2. D(DHI Dairy Herd Improvement，奶牛群改良方案)　指以 DHI 为代表的奶牛生产数字化管理体系，其突出的作用表现在"能度量才能管理"。例如，CMT 测定、奶牛体况评分、后备牛体尺体重评价体系、SCC 与 TBC 测定等，这些数字化管理手段为科学决策提供依据，从而代替以往管理的随意性和盲目性。

3. T（TMR Totally Mixed Rations，全混和日粮） 指以全混和日粮为核心的奶牛日粮调控技术。奶牛对精粗饲料的均匀采食保证了奶牛的瘤胃健康；分群管理、科学配方既满足了奶牛的营养需要，又节约了不必要的饲料成本；机械饲喂为提高劳动生产率、降低人工费用和减少管理的随意性提供了保障。

4. N（Net，网络化技术） 指奶牛场智能化、网络化管理系统。依靠现代计算机技术、机械技术、信息技术进行奶牛饲养管理是世界奶业发达国家的成功经验，奶牛场智能化挤奶系统、管理软件，以及依靠网络技术提高数字化管理程度等，是奶业实现优质、高产、高效的有效手段。

三、EDTN 饲养管理模式的意义

现代奶业的发展，促进了奶牛业的发展与革新。采用 EDTN 饲养管理模式，依托网络数字技术，为奶牛建立系统全面的信息资源库；通过 DHI，全程监控奶牛生活、生产状况，在营养（TMR）、疫病防疫、遗传育种等方面及时给出适合每个个体的方案，保证奶牛健康生活，快乐产奶，最大限度地发挥奶牛的生产潜能。

无论是针对奶牛群体，还是针对奶牛个体，要想发挥奶牛优良的生产性能，创造更高的经济效益，就要为奶牛营造舒适的生存环境。

第二节 奶牛环境

奶牛环境是指平衡奶牛综合环境因素，保证奶牛内外环境适合其生理和生产的需要。要求奶牛环境使奶牛更加舒服、健康、高产。具体内容包括：牛场选址与布局合理、牛舍环境干燥清洁、采食与饮水充足、"两次药浴、纸巾干擦"等外部环境的改善，营造奶牛良好的生理环境，从而达到奶牛的"四个健康"（瘤胃健康、肢蹄健康、乳房健康、子宫健康）。

一、奶牛场的选址与布局

（一）奶牛场的选址原则

奶牛场建设是一项系统、庞大、复杂的工程，而牛场场址的选择是牛场建设的第一步，在以后牛场的管理和运行中起决定性作用，因此场址选择要与本地区农牧业发展总体规划、土地利用发展规划、城乡建设发展规划、环境保护规划，以及今后修建住宅等规划结合起来，还必须符合防疫卫生和环境卫生的要求，周围无传染源、无人兽共患病。影响牛场选址的因素一般包括自然因素（如地形、地势、水源水质、土质、气候等）和社会因素（如交通、供电、法律法规等），具体有以下几个方面：

1. 地形 要整齐开阔，方形最为理想，尽量避免狭长和多边形，也要遵守珍惜和合理利用土地的原则，不应占用基本农田，尽量利用荒地建场。

2. 地势 要高燥、背风向阳、地下水位 2 米以下，具有缓坡坡度（1‰～3‰，最大为 6‰），北高南低，总体平坦的地方。牛场地势过低，地下水位太高，极易造成环境潮湿，影响牛的健康，蚊蝇也多。而地势过高，又容易招致寒风侵袭，同样有害于牛的健康，且增加交通运输的困难。切不可将奶牛场建在低洼或低风口处，以免汛期积水，造成排水困难及冬季防寒困难。

3. 水源 要有充足的符合卫生要求的水源，且取用方便，保证生产、生活及人畜饮水。

4. 水质 要良好，不含毒物，确保人畜安全和健康，符合中华人民共和国农业行业标准《无公害食品 畜禽饮用水水质（NY 5027—2008）》的规定，达到畜禽生产要求。

5. 土质 沙壤土最理想，沙土较适宜，黏土最不适合。沙壤土土质松软，抗压性和透水性强，吸湿性、导热性小，毛细作用弱，雨水、尿液不易积聚，雨后没有硬结，有利于牛舍及运动场的清洁与卫生，有利于防止蹄病及其他疾病的发生。

6. 周围土地　要具备就地无害化处理粪尿、污水的足够场地和排污条件。周边有效种植土地面积直接决定了粪污的最终消纳能力。一个 1 000 头奶牛场每年产生的粪污相当于 100 吨尿素，150 吨过磷酸钙，110 吨硫酸钾，每年需要 3 000～5 000 亩*土地消纳。

7. 气候　要综合考虑当地的气象因素，如年平均气温、最高温度、最低温度、湿度、年降雨量、主风向、风力等，以选择有利地势。荷斯坦奶牛比较适宜的环境温度为 5～15 ℃，最佳生产温度区为 10～15 ℃。我国地域辽阔，南北温度、湿度等气候条件差异很大，各地在建筑牛舍时要因地制宜。例如，南方主要是夏季高温、高湿，因此，南方的牛舍首先应考虑防暑降温和降低湿度，而北方部分地区又要注意冬季防寒保温。

8. 饲料资源　周围饲料资源尤其是粗饲料资源应丰富，且尽量避免周围有同等规模的饲养场，以免原料竞争。

9. 交通　要便利，牛场每天都有大量的牛奶、饲料、粪便进出。因此，牛场应位于距离饲料生产基地和放牧地较近的地方。

10. 防疫　场区距铁路、高速公路、交通干线不小于 1 000 米；距一般道路不小于 500 米；距其他畜牧场、兽医机构、畜禽屠宰厂不小于 2 000 米；距居民区不小于 3 000 米，并且应位于居民区及公共建筑群常年主导风向的下风向处。

11. 供电　充足、可靠。现代化牛场机械挤奶、牛奶冷却、饲料加工、饲喂以及清粪等都需要用到大量电力，所以一定要保证电力供给。

---

*　亩为非法定计量单位。1 亩＝1/15 公顷。

12. 符合国家和地方的有关规定　禁止在国家和地方法律规定的水源保护区、旅游区、自然保护区、自然环境污染严重的区域内建设奶牛生产区。

（二）奶牛场建设原则

奶牛场建设宗旨是为了给奶牛创造适宜的生活环境，保障牛的健康和生产的正常运行。花较少的资金、饲料、能源和劳力，获得更多的畜产品和较高的经济效益。为此，设计牛舍应掌握以下原则。

1. 为奶牛创造适宜的环境　适宜的环境可以充分发挥奶牛的生产潜力，提高饲料利用率。一般来说，家畜生产力的 30%～40%取决于品种，40%～50%取决于饲料，20%～30%取决于环境。不适宜的环境温度可以使家畜的生产力下降 10%～30%。此外，即使喂给全价饲料，如果没有适宜的环境，饲料也不能最大限度地转化为畜产品；从而降低了饲料利用率。由此可见，修建畜舍时，必须符合家畜对各种环境条件的要求，包括温度、湿度、通风、光照、空气中的二氧化碳、氨、硫化氢，为家畜创造适宜的环境。

2. 符合生产工艺要求　保证生产的顺利进行和畜牧兽医技术措施的实施，奶牛生产工艺包括牛群的组成和周转方式，运送草料，饲喂，饮水，清粪等，也包括测量、称重、采精输精、防治、生产护理等技术措施。修建牛舍必须与本场生产工艺相结合。否则，必将给生产造成不便，甚至使生产无法进行。

3. 卫生防疫制度　流行性疫病对牛场会形成威胁，造成经济损失。通过修建规范牛舍，为家畜创造适宜的环境，将会防止或减少疫病发生。此外，修建畜舍时还应特别注意卫生要求，以利于兽医防疫制度的执行。要根据防疫要求合理进行场地规划和建筑物布局，确定畜舍的朝向和间距，设置消毒设施，合理安置污物处理设施等。

4. 合理施工　在满足以上 3 个要求的前提下，畜舍修建要尽量利用自然界的有利条件（如自然通风、自然光照等），尽量就地取材，采用当地建筑施工习惯，适当减少附属用房面积，以降低生产成本，加快资金周转。

（三）奶牛场的规划与布局

1. 生活区　指奶牛场饲养人员住宿和文化娱乐区。应在牛场上风口和地势较高地段，并与生产区保持至少 100 米的距离，以保证生活区良好的卫生环境。

2. 管理区　包括与经营管理，产品加工、销售有关的建筑物。管理区要与生产区严格分开，保证 50 米以上距离，外来人员只能在管理区活动，场外运输车辆、牲畜严禁进入生产区。为了节约土地，生活区和管理区往往连在一起，但内部要分开。

3. 生产区　是奶牛场的核心，应设在场区地势较低的位置，要保证安全、安静，场外人员和车辆不能直接进入生产区。大门口设立门卫传达室、消毒室、更衣室和车辆消毒池，严禁非生产人员出入场内，出入人员和车辆必须经消毒室或消毒池进行消毒。生产区奶牛舍要合理布局，分阶段分群饲养，按泌乳牛舍、干乳牛舍、产房、犊牛舍、育成前期牛舍、育成后期牛舍顺序排列，各牛舍之间要保持适当距离，布局整齐，以便防疫和防火。但也要相对适当集中，节约供水供电的管道和线路，缩短饲草饲料及粪运输距离，以便于科学管理。粗饲料库设在生产区下风口地势较高处，与其他建筑物保持 60 米防火距离。兼顾由场外运入，再运到牛舍两个环节。饲料库、干草棚、加工车间和青贮池离牛舍要近一些，位置适中一些，便于车辆运送草料，降低劳动强度，但必须防止牛舍和运动场污水渗入而污染草料。

4. 粪污处理区　设在生产区下风向地势低处，与生产区保持 100 米的卫生间距，应设隔离带。为减少污染，提倡粪污综合利用，应建造沼气池。

5. 兽医室和病死畜管理区　设在生产区下风地势低处，与生产区保持 100 米卫生间距，隔离区又分为观察隔离区、严格隔离区，严格隔离区与生产区保持 200 米卫生间距，设隔离带，设单独通道，以便于消毒和污物处理等。尸坑和焚尸炉与生产区应有 300 米的距离。

6. 绿化区 牛场绿化区主要起隔离风沙、遮阴及美化环境的作用。

(四) 牛舍建筑设计

1. 牛舍结构

(1) 屋顶。采用质轻、坚固耐用，起防寒、防雨、隔热保温作用，要求不透水、不透风，有一定坡度，隔绝太阳辐射。能抵抗雨雪、强风等。有双坡、单坡或拱形 3 种，屋檐距地面 2.8～3.2 米。

(2) 墙壁。要求坚固耐用、结构简单、经济省材、耐热防潮、抗震、防水、防火，具有良好的保温和隔热性能，便于清洗和消毒，多采用砖墙。墙厚一般为 24 厘米或 37 厘米。

(3) 门窗。门一般开在牛舍南北面墙上，正中或东西两端墙上，供牛出入的门口应设有台阶和门槛，门的样式有双外开门和两侧推拉门。窗设在牛舍开间墙上，起到采光、通风、保暖的作用，大小由气候条件而定。

(4) 基础。要有足够的强度和稳定性，坚固，防止地基下沉、建筑物发生裂缝倾斜。应具备良好的清粪排污系统，牛舍内地面应高于舍外地面，要求平坦、防滑、有一定坡度。

(5) 牛床和饲槽。牛床一般要求长 1.6～1.8 米，宽 1.0～1.2 米。牛床坡度为 1.5%。饲槽设在牛床前面，以固定式水泥槽最为适用，其上宽 0.6～0.8 米，底宽 0.35～0.40 米，呈弧形，饲槽内缘高 0.35 米（靠牛床一侧），外缘高 0.6～0.8 米（靠走道一侧）。为操作简便，节约劳力，应建高通道，低槽位的道槽合一式饲槽。即槽外缘和通道在一个水平面上。

(6) 通道和粪尿沟。对头式饲养的双列牛舍，中间通道宽 1.4～1.8 米。通道宽度应以送料车能通过为原则；粪尿沟深

0.15～0.3 米，倾斜度(1∶50)～(1∶100)。

2. 牛舍的建筑形式

（1）封闭式奶牛舍。12 米跨度封闭式奶牛舍多采用拴系饲养。18～27 米封闭式奶牛舍多采用散栏式饲养。因采用的建筑结构和建筑材料不同又分为轻钢结构、彩板装配式奶牛舍和砖混结构奶牛舍两种。

（2）半开放式奶牛舍。半开放式奶牛舍三面有墙，向阳一面敞开，有顶棚，在敞开一侧设有围栏。这类奶牛舍的敞开部分在冬季可用卷帘遮拦，形成封闭状态，从而达到夏季通风，冬季保暖，使舍内小气候得到改善。相对封闭式奶牛舍来讲，这类奶牛舍造价低，节省劳动力（较适合华北部分地区）。

（3）塑料暖棚奶牛舍。属于半开放奶牛舍的一种，是近年来北方寒冷地区推出的一种较保温的半开放式奶牛舍。就是冬季将半开放式或开放式奶牛舍，用塑料薄膜封闭敞开部分，利用太阳能和牛体散发的热量，使舍温升高，同时塑料薄膜也可避免热量散失。

（4）开放式轻钢结构、彩板装配屋顶式奶牛舍。这种装配式奶牛舍系先进技术设计，采用国产优质材料制作。其适用性、耐用性及美观度均居国内一流，且制作简单，省时，造价低。

① 适用性强。保温，隔热，通风效果好。奶牛舍前后两面墙体由活动卷帘代替，夏季可将卷帘拉起，使封闭式奶牛舍变成棚式奶牛舍，自然通风效果好。屋顶部安装有可调节风帽。冬季卷帘放下时通风调节帽内蝶形叶片可使舍内氨气排出，达到通风换气效果。

② 耐用。奶牛舍屋架、屋顶及墙体根据力学原理精心设计，选用优质防锈材料制作，既轻便又耐用，一般使用寿命在 20 年以上（卷帘除外）。

③ 美观。奶牛舍外墙采用金属彩板（红色、蓝色）扣制，外观整洁大方，十分漂亮。

轻钢结构、彩板装配式奶牛舍室内设置与砖混建筑的普通奶牛舍基本相同，其适用性、科学性主要体现在屋架、屋顶和墙体，宽敞通风，便于采用 TMR 等先进的饲喂和管理工艺技术。

二、牛场主要配套设备与设施

（一）牛舍的附属设备

1. 运动场和围栏　运动场是奶牛活动、休息、饮水和补饲的场所，设在牛舍南向。运动场场地要方正，土质以沙壤土为宜，地面要有一定坡度，以利于排水。运动场四周设围栏（围墙），横栏高 1.5 米，栏柱间距 1.5 米。围栏可用废钢管焊接，或用水泥柱作栏柱，再用钢筋棍串联在一起。每头牛需运动场面积：成牛乳牛 20 米^2，青年牛、育成牛 15 米^2，犊牛 8 米^2。

2. 凉棚　设于运动场，遮阴避雨，方便牛的休息。常为四周敞开的棚舍建筑，每头牛需 5 米^2，凉棚立柱高 2.5～3 米。一般东西走向，以便牛群遮阳乘凉。

3. 饮水池和补饲槽　饮水池有圆池形和长槽形，池的周边奶牛活动范围有 3 米宽的水泥地面，并斜向运动场外，以利于排水。池水应为洁净卫生、水质优良的流动活水。饮水池旁设钙盐补饲槽，供牛自由采食。

4. 消毒池　设在生产区大门入口处，是牛场重要的卫生防疫设施。消毒池常用钢筋水泥浇筑，要牢固平整、耐酸碱、不透水。供车辆通行的消毒池长 3.8 米，宽 3.0 米，深 0.1 米；供人员通行的消毒池长 2.8 米，宽 1.4 米，深 0.05 米。

5. 青贮窖或青贮塔　如牛场地势较低，地下水位较高，可采用青贮塔或地上青贮窖；对地下水位低或地势较高的地方，可采用地下或半地下青贮窖。其容积大小可根据养牛头数决定，按每头牛青贮饲料 6 000 千克计算，每 500 千克所占容积 1 米^3，还要留有一定霉变青贮的容积量。

6. 粪尿污水池和贮粪场　牛舍和污水池，贮粪场应保持 200～

300 米的卫生间距。修建粪尿污水池的参数为，每头奶牛每天平均排出粪尿和冲污污水量，成年奶牛 70～120 千克，育成牛 50～60 千克，犊牛 30～50 千克。

（二）牛场的机械设备

1. 饲料饲草加工机械　包括各类饲料粉碎机、各类铡草机、青饲料打浆机以及割草打捆机等。

2. 挤奶机械　有管道式挤奶机、挤奶台（厅）、桶式挤奶机三大类。挤奶机由真空泵，脉动器和挤奶机组构成。

3. 鲜奶冷却和消毒设备　为便于鲜奶的运输和保存，牛场常常对鲜奶进行冷却、消毒等初步加工处理。鲜奶的冷却设施有冷水池、冷却缸、冷排和热交换器等。

4. 牛舍通风及防暑降温设备　牛舍通风设备有电动风机和电风扇。轴流式风机是牛舍常见的通风换气设备。这种风机既可排风，也可送风，而且风量大。牛舍防暑降温可采用喷雾设备，即在舍内每隔 6 米装一个喷头，每个喷头的有效水量为每分钟 1.4～2 升，降温效果良好。

（三）挤奶厅的构造和设施

1. 挤奶厅的位置　挤奶厅应建在养殖场上风处或中部侧面，距离牛舍 50～100 米，有专用通道，不可与污道交叉，便于集中挤奶，以便减少污染。

2. 挤奶厅的组成　包括挤奶大厅、挤奶区、设备室、储奶间、休息室、办公室等。

3. 挤奶厅（台）的形式　挤奶厅（台）的形式比较多，常见的有平面畜舍式、串列式、并列式、鱼骨式和转盘式等。

（1）平面畜舍挤奶厅。平面畜舍挤奶厅挤奶栏位的排列与牛舍相似，奶牛从挤奶厅大门进入厅内的挤奶栏里，由挤奶员给奶牛套上挤奶器挤奶。这种挤奶厅的优点是设备投资小，造价比较低。缺点是挤奶员必须弯腰操作，劳动生产率比较低，这种挤奶厅一般只适用于小型奶牛场。但在拴系式饲养场，安装管道挤奶设备，奶牛不需要移动，在原床位即可挤奶，既可以利用机械挤奶的优点，又节省投资。平面畜舍挤奶厅适用于各种规模的奶牛场，是我国广泛推广的挤奶方法。

（2）并列式挤奶台。并列式挤奶台操作距离短，挤奶员最安全，环境干净，但奶牛乳房的可视程度较差，根据需要可安 1×4 至 2×24 栏位，以满足大（至 2 000 头）、中、小不同规模奶牛场的需要。并列式挤奶厅棚高一般不低于 2.20 米，坑道深 1.00～1.24 米（1.24 米适于可调式地板），坑宽 2.60 米，坑道长度与挤奶机栏位有关。

（3）鱼骨式挤奶台。这种挤奶台有两排挤奶机，其排列形状与鱼骨相似。挤奶台栏位一般按倾斜 30°设计，这样使得牛的乳房部位更接近挤奶员，有利于挤奶操作，减少走动距离，提高劳动效率，基建投资较少，比较适合中等规模的奶牛场。

鱼骨式挤奶厅棚高一般不低于 2.45 米，中间设有挤奶员操作的坑道，道深 85～107 厘米，宽 200～230 厘米。

目前，有一种鱼骨式全开放型挤奶台，适于泌乳奶牛 100 头以上中、大规模的奶牛场，根据需要可安排 2×8 至 2×24 栏位。其特点是全开放，使牛快速离开栏位，高效省时，缺点是占地面积较多。

（4）转盘式挤奶台。转盘式挤奶台是利用可转动的环形挤奶台进行挤奶流水作业，其特点是奶牛鱼贯进入挤奶厅，挤奶员在入口处冲洗奶牛乳房，套奶杯，不必来回走动，操作方便，每转一圈 7～10 分钟，转到出口处已挤完奶，劳动效率高，适用于较大规模奶牛场。但转盘式挤奶台的设备造价比较高，目前在我国还难以大面积推广。

三、奶牛场环境控制

外界环境对奶牛的影响体现在两个方面，即有利的环境条件可促进奶牛的健康，提高其生产性能；有害的环境条件损害奶牛的身体健康，降低其生产性能。我们应全面了解奶牛的生理特征，为奶牛提供有利的生产生活环境，尽量避免和消除不利的生产生活环境，使奶牛始终处于健康状态，发挥高的生产性能，获得最大的经济效益。

1. 温度 奶牛舍内适宜温度和最高、最低温度见表3-1。

表3-1 奶牛舍内适宜温度和最高、最低温度（℃）

牛　舍	最适温度	最低温度	最高温度
成母牛舍	9～17	2～6	25～27
犊牛舍	6～8	4	25～27
产房	15	10～12	25～27
哺乳犊牛舍	12～15	3～6	25～27

由表3-1可知，奶牛生长发育最好，抵抗力最强，提供产品最多，经济效益最大，饲料消耗最少时的温度为最适温度，奶牛生产最适温度是9～17 ℃。

（1）高温对奶牛的影响及预防。

① 温度过高，奶牛的产奶量明显下降。如温度10 ℃时，产奶量为100%，当环境温度升到21.1、26.7、29.4、38.0 ℃时，奶牛产奶量可分别降到89.3%、75.2%、69.6%、26.9%。奶牛以采食粗饲料为主，饲料中粗纤维含量高，且奶牛采食量很大，所以热增耗很大，增加了奶牛的散热负担。奶牛瘤胃中的饲料发酵不仅产生甲烷，也产生热。1头1天产20千克奶的奶牛，比干奶牛的产热量高50%左右。

奶牛的产奶量越高，其产热也越多，这是因为奶牛产奶量提高其采食量和奶的合成代谢必然增加，从而导致奶牛产热增加。所以，夏季高产牛对热应激更为敏感，产奶量下降速度也很快。此外，高温不但可引起奶牛产奶量下降，还可能使牛奶的乳脂率降低，使非脂固形物（如乳蛋白质、乳糖等）的含量减少。

高温可明显降低奶牛的繁殖能力，而高温高湿对奶牛繁殖能力影响更大，研究发现，无论精液来源于何种天气条件下的公牛，夏季母牛繁殖率均降低，主要是因为受精率下降和胚胎早期死亡率升高导致的。高温可降低奶牛对疾病的抵抗力，这也是奶牛夏季发病率增加的重要原因。

②奶牛防暑降温的措施很多，主要有以下3个方面。

一是避免太阳辐射。主要方法是加强牛舍的屋顶隔热和遮阴，包括加厚隔热层，选用保温隔热材料等。但这种作用的效果比较有限，而且投资较高。在奶牛场周围多植树，或栽种其他遮阴植物，既可以给牛遮阴避阳，又可以绿化环境，一举两得。此外，在南方炎热地区，在奶牛的运动场上搭建凉棚，也是避免太阳辐射的重要措施。

二是减少奶牛自身产热。通常的做法是在保证奶牛营养水平的情况下，尽可能地减少奶牛的粗纤维采食量，提高蛋白质和净能水平，以减少热量产生。

三是增加奶牛的散热途径。一般高温情况下，只要外界温度低于奶牛体表温度，给奶牛吹风就可以加快奶牛体表的对流散热和蒸发散热。但当气温接近奶牛体表温度时，只能进行蒸发散热。淋水，特别是间歇淋水可以弥补牛汗腺不发达的不足；且可使奶牛体表保持潮湿，配合吹风以加快体表蒸发量，该法是促进奶牛散热的有效方法，可以提高产奶量达17%，在干燥炎热的地区效果更佳。

（2）低温对奶牛的影响及预防。由于奶牛耐寒不耐热，所以低温对奶牛产奶、繁殖等性能的影响没有高温明显。一般只要在低温时，注意防冻保温，奶牛的产奶量不会有明显变化。黑白花奶牛在5～－15℃时奶牛饲料消耗增多，产奶量下降；－15～－30℃时奶牛产奶量急剧减少甚至停止。因此，在我国北方部分地区，冬季应保证供应足够的饲料。同时，保暖条件较好的牛舍，早晚应关闭窗户，以防过堂风。

2. 湿度　牛舍内空气的湿度在55%～85%时对奶牛的影响

不大，但高于 90% 则危害较大，因此，奶牛舍内湿度不宜超过 85%。

气温在 24 ℃以下，空气湿度对奶牛的产奶量、奶的成分以及饲料利用率都没有明显影响。但当气温超过 24 ℃时，相对湿度升高，奶牛的产奶量和采食量都会下降，这是因为高温条件下，牛体主要依靠蒸发散热，而蒸发散热量与蒸发面（皮肤和呼吸道）的水汽压与空气水汽压之差成正比，即湿度越大，牛体蒸发面水汽压与空气水汽压之差越小，蒸发散热量也减小。所以，在高温高湿环境中，牛体的散热更困难，产生更剧烈的热应激，对奶牛产奶性能的影响更大。高温高湿引起奶牛产奶量下降的同时，牛奶的乳脂率也降低。在气温 26.7 ℃、相对湿度 80%，或气温 32.2 ℃、相对湿度 50% 时，非脂固形物的含量显著下降。

3. 空气质量 空气质量的实质是有毒有害气体的浓度与含量。牛舍中的有害气体主要来自牛的呼吸、排泄和生产中有机物的分解。有害气体主要为氨、二氧化碳、一氧化碳和硫化氢等。牛舍中氨的浓度应低于 50 克/米^3，一氧化碳的浓度应低于 0.8 克/米^3，硫化氢气体浓度最大允许量不应超过 10 克/米^3，

4. 综合管理

（1）牛舍应保持冬暖夏凉，空气清新，地面清洁干燥。在寒冷季节要合理通风换气，避免水汽和有毒有害气体在舍内积聚。

（2）运动场保持清洁干燥，绝不能积水。及时清除粪便，填平坑洞。

（3）保持整个场区排水良好，整洁干净。搞好绿化，消灭蚊蝇及滋生条件。

（4）尽量降低场内机械和人为噪声，保持牛场环境安静。

（5）及时清理场内废弃杂物，绝对避免牛食入铁钉、铁丝、塑料布（薄膜）等异物。

四、奶牛保健

奶牛保健包括乳房保健、瘤胃保健、生殖保健和肢蹄保健。

(一)乳房保健

奶牛生产的最终目的是产奶，因此，保护好奶牛乳房就至关重要。乳房炎对奶牛产奶量影响很大。奶牛的乳房不同程度地感染了乳房炎后，会影响奶牛的产奶潜力。乳房炎是病原性细菌穿过乳头，侵害乳腺引起的炎症，分为临床性乳房炎和隐性乳房炎两种。临床性乳房炎致使乳房红肿、发热疼痛，奶量骤减，挤出絮状奶，牛也会出现体温升高与拒食等症状；隐性乳房炎没有临床症状，但奶量降低，它对牛群的危害甚至超过临床性乳房炎，因为它不易引起人们的注意而暗中为害。据统计，97%的乳房炎属于隐性乳房炎，并能在一定条件下转发为临床性乳房炎。因此，为防止乳房炎的发生，应注意以下几点：

1. 控制环境污染　乳房炎是环境中的致病菌通过乳头孔进入乳腺而引起的炎症。所以，给奶牛提供一个舒适、干净的环境有利于乳房炎的控制。环境控制应注意以下几方面。

(1)对于高产牛而言，高能量、高蛋白的日粮有助于提高产奶量，但同时也增加了乳房的负荷，使机体的抗病力降低。研究证明，维生素和矿物质在抗感染中起一定的作用。奶牛体内缺硒、维生素 A 和其他维生素会增加临床性乳房炎的发病率，在配制高产奶牛日粮时，应特别注意。

(2)牛舍、牛栏潮湿、脏污的环境有利于细菌繁殖。因此牛舍应及时清扫，运动场应有排水设施，保持干燥。牛栏大小设计要合理，牛床设计应尽量考虑舒适度。牛床应铺上垫草、沙子、锯末等材料以保持松软，坚硬的牛床易损伤乳房，引起感染。

2. 使用良好的挤奶设备并定期维修保养

(1)每天在使用挤奶设备前，挤奶工及设备操作工应对其管辖范围内的设备进行检查。挤奶系统的日常监测包括以下内容：

真空泵气流量、储备系统气流容量、系统真空水平、真空稳定性、奶爪及整个管道内牛奶游动特性、真空调节效率、脉动、橡胶部件的状况、系统卫生状况、牛奶冷却器、个体牛及群体产奶量等。

（2）所有运转不良或破损的设备应立即进行修理或更换，奶牛场应制订相关制度要求安装设备的公司定期到场进行设备维修保养。

（3）由挤奶设备制造商或安装公司定期对场内的挤奶设备进行分析、评估。在北美洲，许多牧场对其设备一年做一次评估，以预防问题的发生。

3. 正确的挤奶程序

（1）清洗乳头。其目的一是刺激乳头，二是为了得到干净的牛奶。清洗乳头有3个步骤：淋洗、擦干、按摩。淋洗时应注意洗的面积不要太大，因为面积太大会使乳房上部的脏物随水流下，集中到乳头，增加乳头感染的机会。淋洗后用干净毛巾或纸巾擦干，注意一头牛一条毛巾或一张纸。毛巾用后应清洗消毒。然后按摩乳房，促使乳汁释放。这一过程要轻柔、迅速，建议在15～25秒完成。

（2）废弃最初的1～2把奶。这样做有以下几个作用：能使挤奶工人及早发现异常牛奶和临床性乳房炎；废弃含有高细菌数的牛奶；提供一个强烈的放乳刺激。应提醒的是挤掉头1～2把奶，一般可在清洗乳头前进行，也可在清洗乳头后进行。建议最好在清洗乳头前进行，因为这样可及早给奶牛一个强烈的放乳刺激。废弃奶应用专门的容器盛装，以减少对环境的污染。

（3）乳头药浴。挤奶前用消毒药液浸泡乳头，然后停留30秒，再用纸巾或毛巾擦干。在环境卫生较差或因环境问题引起乳房炎的牛场实施这一程序很有必要。美国康乃尔大学的研究表明，挤奶前用药液浸泡消毒乳头，其减少乳头皮肤表面细菌的效果与用水清洗乳头的效果是一样的。乳头药浴的推荐程序如下：

用手取掉乳头上垫草之类的杂物；废弃每个乳头的最初 1～2 把奶；对每个乳头进行药浴；30 秒后擦干。

（4）挤奶。机器挤奶，应注意正确使用挤奶器，并观察挤奶器是否正常工作。机器运转不正常，会使放乳不完全或损害乳房。手工挤奶，应尽量缩短挤奶时间。

（5）挤奶后药浴乳头。挤完奶 15 分钟之后，乳头的环状括约肌才能恢复收缩功能，并关闭乳头孔，在这 15 分钟之内，张开的乳头极易受到环境性病原菌的侵袭。及时进行药浴，使消毒液附着在乳头上形成一层保护膜，可大大降低乳房炎的发病率。

（二）奶牛生殖保健

奶牛的生殖保健就是采用科学合理的生产模式，体现动物福利，保证动物自身的优质生存，实现顺利健康的生殖过程，实现奶牛自身再生产和人类物质追求经济活动再生产之间的相对协调和统一，物我两利的良性循环。

1. 育成期的生殖健康和保健　奶牛育成期的生殖健康就是奶牛个体生长发育良好，保持良好的健康成长状态，自身机体和生殖功能，体成熟和性成熟协调完成，最终发育到良好的生殖准备状态。育成期生殖保健的意义在于使奶牛个体发育成自身健康，具有良好生殖功能的个体。此期主要采用科学化、福利化的生产模式和饲养管理模式。

（1）改良育成牛饲养环境，加强卫生管理，为奶牛提供良好的生长环境，尽量减少不良环境因子的刺激和奶牛应激。

（2）提供充足均衡的营养，饲喂优质的饲草饲料，保障奶牛良好的生长和均衡发育，适当补充与生殖相关的矿物质和维生素，如硒、β-胡萝卜素等，促进奶牛生殖系统、性功能、生殖机能的发育和成熟。

（3）适当运动，增强个体体质，保持个体健康。

（4）加强疾病防治，预防影响奶牛生殖的疾病发生。包括寄生虫性、细菌性和病毒性疾病，如绦虫病、肝片吸虫病、布鲁氏杆菌病、奶牛副结核、血吸虫病等。定期驱虫并进行疫病监测。

2. 奶牛发情配种期的生殖保健　发情是奶牛性成熟的标志，在育成期发育良好、没有先天性不育症的前提下，奶牛已经做好了生殖的准备，此时就应该选择适当的公牛精液适时配种，同时做好这一时期的奶牛生殖保健工作。

（1）奶牛发情期间，机体特别是生殖器官会发生周期性变化，子宫颈口开放，子宫内膜充血水肿等，应加强牛舍及牛体的卫生，适当增加营养，避免应激，预防因污染而引发奶牛阴道炎等生殖系统疾病，保证奶牛正常发情和排卵。

（2）选择适当的公牛精液适时配种。在进行发情鉴定、人工授精等操作时，要严格遵守技术规程，无菌操作，避免感染；动作要轻柔，以免奶牛生殖道受到机械性损伤。对受配奶牛及时回访并进行早期妊娠检查，发现空怀时及时复配以保证正常受胎。

（3）对已经发情但生长发育状况较差、生殖器官发育不完善、发情周期不正常的奶牛要暂缓配种。应强化饲养管理，促进奶牛机体和生殖系统发育完善，可用生殖激素或中药进行调理，激素疗法（过量使用）会反馈抑制奶牛自身激素的分泌，要合理用药。

3. 奶牛妊娠期的生殖保健　奶牛配种受胎后就进入妊娠期。妊娠期间，奶牛身体会发生一系列变化，对营养物质的需要也会增加。此期的营养物质不但要满足自身维持需要，还要满足胎儿发育和泌乳的需要。妊娠期的保健主要是饲养管理，预防流产和奶牛生产繁殖应激综合征。

（1）增加营养。保证奶牛的营养需要，适当增加蛋白质饲料的供应量，提供足够的优质牧草，矿物质和维生素，注意调整和维持能量及蛋白质、钙、磷等营养物质的平衡，或者采用全混合日粮饲喂技术；适当运动，避免奶牛应激。

（2）注意保胎。妊娠期奶牛保健工作的重点是预防流产。奶牛流产包括普通性流产、传染性流产、寄生虫性流产等，应根据实际情况进行有针对性的预防和治疗。避免粗暴驱赶和移动奶牛，以免因撞蹿、摔跌等造成机械性流产；在治疗其他疾病时应选择适当的药物，科学合理用药，减少对胎儿的刺激。有流产迹象或患有习惯性流产的经产母牛，应制订科学的保胎计划保胎，可用安宫黄体酮或中药保胎。对已发生流产的奶牛要及时处理，防止生殖系统感染造成不孕。

（3）预防和减少奶牛生产繁殖应激综合征的影响。奶牛是高生产、高消耗的动物，其生产繁殖是一项长期、繁重的任务，必然引起机体多方面的损害，包括血液生理生化改变；免疫功能损害，抗病力下降；部分基因改变以及基因表达调控引起的特殊蛋白和蛋白酶减少。临床上主要表现为骨骼代谢异常；母畜产后乏情，发情延迟或不发情；免疫力低下，围生期疾病增多。

防治原则：①在妊娠期适度保证营养供给，哺乳期供给营养和适度挤奶，保持营养摄入和输出的平衡，避免出现负氮平衡；②适当控制促肾上腺皮质激素释放激素和游离皮质醇水平；③提高机体免疫力，预防骨质疏松；④加强围生期护理；⑤在治疗奶牛疾病时慎用糖皮质激素，以免造成奶牛机体抵抗力进一步下降。

4. 奶牛围生期的保健 奶牛产前 15 天至产后 15 天称之为围生期。这一时期是泌乳期的准备和开始阶段，对经产母牛来说也是对前一泌乳期的休整阶段，做好这一时期的奶牛生殖保健关系到奶牛的体质、分娩情况、产后泌乳情况和健康状况，因此，围生期的奶牛保健是整个奶牛生产的关键性工作之一。

（1）适时干奶。经过一个泌乳期的生产，奶牛营养物质和机体体质消耗很大，分娩前要有一个休整阶段，要适时干奶。根据个体的年龄、体况、泌乳性能选择不同的干奶方法和时间，一般 60 天左右为宜。同时，加强干奶期的卫生保健和饲养管理。

（2）加强围生前期的饲养管理。适当提高饲料的营养水平，注意日粮配比，预防和控制营养代谢性疾病，如酮病、产前产后瘫痪、胎衣不下、乳房炎，以及因胎儿过大造成的难产等疾病。

（3）奶牛分娩期要注意奶牛的变化。应由有经验的饲养人员值班观察，准备清洁干燥的产房，实行人工接产和助产，及时清除和处理胎衣、羊水等污秽物，加强卫生管理，饲喂优质干草等适口性好、易消化的饲草饲料；发生难产、胎衣不下等疾病时应及时采取措施，以保证母子健康。产后可适当投服 1～3 剂中药"生化汤"：当归 45 克，川芎 30 克，桃仁 30 克，炮姜 20 克，甘草 20 克，蒲公英 30 克，五灵脂 30 克，白术 40 克，水煎服，一日一剂。

（4）初生牛犊的饲养管理。实行母犊隔离饲养。人工哺乳或用代乳料饲喂，预防乳腺炎等疾病的发生和母源性疾病的传播。

5. 奶牛泌乳期的生殖健康和乳房保健　奶牛泌乳期大量挤奶，营养消耗和体质消耗很大，会对奶牛机体造成损害，机体抵抗力下降。同时，经常挤奶容易造成乳房和乳头损伤，引起乳房炎等疾病，泌乳期奶牛的生殖健康和保健关系到能否实现本期生产和生产的延续，应积极做好泌乳期的保健工作，特别是乳房的保健。

（1）适时调整日粮配方。要根据奶牛个体的年龄、体质状况、泌乳性能、妊娠状况等适时调整日粮配方，以满足奶牛自身维持泌乳和妊娠的多重需要。

（2）认真做好乳房保健，科学挤奶。选择科学的挤奶方法，机械挤奶时要注意消毒，小心操作，避免乳头损害和病原微生物感染。

（3）做好隐性乳房炎的检测。可根据乳汁体细胞变化、电解质平衡变化、性状变化等方法作出判断。注意挤奶卫生和环境卫生，防止病原微生物传播，发生临床型乳房炎时要及时隔离治疗，可以采用抗生素等药物，也可以配合中药治疗，用金银花 80 克，蒲公英 90 克，连翘 60 克，紫花地丁 80 克，陈皮 40 克，青皮 40 克，生甘草 30 克，加白酒适量，水煎去渣，取汁内服，每天一剂，重症牛每天 2 剂。

（三）瘤胃保健

奶牛瘤胃是前胃系统的"第一车间"。它的活动对于机体消化、吸收和代谢将产生重大影响。瘤胃如同一个容量巨大的发酵罐，把承载的草料分为不同的层次以备处理，经过发酵、反刍、重吸收进行分解利用；又如同一个程序复杂的化学加工厂，夜以继日地分解合成，把草料转化成高蛋白物质。成年奶牛饱食后，前胃容纳的内容物约占体重的 20%，绝对容量可达 230 升，这就足以说明瘤胃的吞吐量对于泌乳性能的发挥具有重大作用。奶牛消化系统犹如一台复杂的联合收割机，在水源、能源正常运转中，使简单的生物物质转化为动物蛋白。一旦条件突然改变或营养失调，瘤胃的生态系统就会发生紊乱，奶牛营养代谢病就可能发生，因此瘤胃的养护非常重要。

1. 瘤胃是饲料的主要消化场所　奶牛的 4 个胃中瘤胃容积最大，为 150～200 升，占全胃的 80%。它是饲料特别是粗饲料的主要消化场所，有 70%～85% 可消化的干物质和约 50% 的粗纤维在瘤胃内消化，产生挥发性脂肪酸、二氧化碳和氨，合成蛋白质和 B 族维生素。

2. 瘤胃是机体的"能源基地"　瘤胃内发酵产生大量挥发性脂肪酸，挥发性脂肪酸通过葡萄糖异生作用转化成葡萄糖。由于葡萄糖异生作用是奶牛体内葡萄糖最重要的来源，而葡萄糖又是体内主要供能物质，所以瘤胃是奶牛的"能源基地"。牛瘤胃内一昼夜所产生的挥发性脂肪酸，可提供 25～50 兆焦的热能，占身体所需能量的 60%～70%。如果牛瘤胃发生了问题，那么首先影响的将是能量的供应。当能量供应不足时奶牛就会出现异常情况。短时间内产奶量就会下降；长时间后，奶牛体质、抗病力减弱而且产奶性能往往不会恢复到以往水平。此时，奶牛就易发生各种疾病，严重时还可使奶牛被淘汰。

3. 瘤胃是菌体蛋白的"生产车间"　瘤胃内生存着大量厌氧

细菌和纤毛虫，每克瘤胃内容物中含细菌150亿～250亿个、纤毛虫60万～180万个。这些微生物蛋白的生物价值（约80%）远高于豆粕等植物饲料提供的蛋白（60%～70%）。1头奶牛一昼夜合成这样的菌体蛋白约360克。进入小肠的粗蛋白有60%～65%是这些菌体蛋白，而且生物价值高很容易被吸收利用，是奶牛优质的蛋白源。另外，饲料蛋白有50%～70%在瘤胃中被微生物分解，所以瘤胃不仅是菌体蛋白的"生产车间"，而且还是蛋白消化的一个主要场所。当瘤胃消化机能不良时，奶牛的蛋白质供应就会减少。这首先影响的是奶牛的泌乳，接着牛的皮毛也会变的凌乱无光。由于奶牛缺少合成球蛋白等免疫物质的原料，抵抗力下降，容易患病。由于蛋白质不能及时被瘤胃厌氧菌消化而滞留在瘤胃内异常发酵，产生酰胺、组胺等有毒物质，损害奶牛健康。蛋白质供应不足，加之组胺等有毒物质进入血液可能会诱发奶牛发生蹄病、流产、屡配不孕、胎衣不下、酮病等疾病。

4. 瘤胃还能合成 B 族维生素　鸡、猪的饲料中都有 B 族维生素，有时还要额外添加，但成年奶牛的饲料中却不用添加。这是因为瘤胃的部分细菌能合成 B 族维生素，如维生素 B_1、维生素 B_2、维生素 B_6、维生素 B_{12}、泛酸和生物素。瘤胃正常时，其所产 B 族维生素就能够满足奶牛生理需要。但奶牛的瘤胃出现问题后，厌氧微生物的合成能力就受到抑制，这时 B 族维生素就会缺乏，而使牛出现厌食、营养不良的现象。该病常伴发于其他疾病，所以不太引人注意。

5. 瘤胃内 pH 也会影响奶牛的健康　瘤胃正常的 pH 为 6.2～6.8，为中性至弱酸性。这个酸度是瘤胃微生物存活的最佳酸度，对酸性洗涤纤维和中性洗涤纤维的消化降解，以及挥发性脂肪酸的形成有促进作用。饲料中纤维和淀粉会在瘤胃中被微生物分解为挥发性脂肪酸，能使瘤胃 pH 降低；蛋白质分解会形成氨，能使瘤胃 pH 升高。牛通过每天分泌约 150 升，pH 8.0～8.5 的唾液作为缓冲液来调节瘤胃 pH。这些唾液中含有约 1.5 千克碳酸盐是奶牛不可缺少的缓冲剂。

瘤胃 pH 过低时，会降低纤维分解菌的活性，进而限制纤维消化和蛋白质合成。同时，也会并发瘤胃酸中毒（亚临床症状 pH 5.0～5.5，典型症状 pH＜5.0）并出现相应病症，如蹄叶炎、下痢、电解质流失、厌食和酮病。由于粗纤维是刺激唾液腺分泌的最重要的因素，所以奶牛应尽可能多地采食优质粗饲料。

如果瘤胃能够维持一个好的内环境和稳定的瘤胃菌群平衡，奶牛自然就会健康。葡萄糖氧化酶就是一种能够优化瘤胃内环境的新型高科技饲料添加剂。它能够快速去除瘤胃内因异常情况残余的氧气，形成厌氧环境。而且葡萄糖氧化酶的去氧作用是持续存在的，这就保证了瘤胃环境能够稳定保持在一个适合厌氧微生物生存的厌氧环境中。葡萄糖氧化酶还能促进奶牛优先采食粗饲料，促进奶牛反刍，促使奶牛增加唾液的分泌，保证瘤胃有一个稳定的酸碱环境，有利于瘤胃微生物的生长。微生物快速增殖，又能促进饲料中纤维素、蛋白质等物质的正常发酵分解。纤维素等酸性和中性洗涤纤维的良好消化使奶牛有足够的挥发性脂肪酸来转化成葡萄糖，这就提供给奶牛足够的能量，保证了奶牛的生产性能，提高了奶牛体质，有助于减少疾病发生和病后机体恢复。瘤胃微生物这时也能提供大量优质菌体蛋白质，同时减少饲料蛋白质的异常发酵，减少毒素产生，这也保证了奶牛的生产性能，提高了体质，有助于减少疾病发生和病后机体恢复。

从某种意义上说，奶牛的饲养过程实际上就是给瘤胃微生物提供营养素、培养基的过程，只有满足瘤胃对纤维素的需要，才能有效地促进瘤胃发酵、嗳气、反刍的功能作用；只有保证瘤胃内水分、温度、pH 的相对稳定，才能以微生物繁衍的生命之火去唤起乳腺组织的高能蛋白之源；只有掌握精粗饲料的合理搭配，提供平衡、全价的营养成分，才能以较小的生产投入换取奶牛高产量的经济回报。因此，注意研究奶牛的日粮组合，努力达到高产高效，是科技工作者、畜牧生产者共同的追求。

（四）肢蹄保健

肢蹄病是奶牛的一种常见疾病，由于在各生长阶段都可能发病，且病程发展慢、初期没有明显症状，所以经常被忽略。肢蹄病导致奶牛身体日渐消瘦、采食量下降、产奶量大幅度降低、繁殖出现障碍，最后倒地不起或因并发其他疾病而死亡。据资料统计，因奶牛患肢蹄病导致的淘汰率占奶牛淘汰更新的 16%～20%，因此肢蹄病是造成奶牛淘汰的主要原因之一。奶牛患肢蹄病造成的直接经济损失主要来自以下几个方面：泌乳量减少，受胎率降低，产犊间隔延长，治疗费用增加，奶牛的使用寿命缩短。更为重要的是奶牛肢蹄病治疗困难，且治愈率低。因此对奶牛场而言，最根本的管理措施就是预防肢蹄病的发生。

在牧场实际生产中经常发生的肢蹄病有：前肢膝关节脓肿、后肢跗关节脓肿、趾间皮炎、塌蹄、蹄底挫伤、沙裂化粉蹄、腐蹄病等。发生的原因主要有以下几个方面：

1. 环境因素　高温导致牛舍潮湿，卫生条件差、牛粪不能及时清除，引起蹄底组织炎症、腐蹄。

2. 管理因素　不放牧或少放牧，牛舍和运动场地面过硬、有小石子，集中挤奶时奶牛走道过长、不平整引起奶牛前后肢关节摩擦、破损、感染细菌从而导致关节肿胀。

3. 饲料结构不合理、营养需要的缺乏　尤其是矿物质、维生素的缺乏，是肢蹄病发生的一个非常重要的原因。奶牛日粮中由于粗饲料的不足和质量差，造成精料、青贮饲料饲喂量高，导致瘤胃 pH 过低，并产生大量的组胺是奶牛发生蹄叶炎的根本原因。在奶牛日粮中矿物质（如钙、磷、锌、铜、硒等）和维生素（维生素 A、维生素 D、维生素 E 等）供应不平衡、不足或吸收率低，会非常明显地影响蹄的角质化程度、趾间皮肤和蹄冠部位皮肤的抗病能力，容易发生炎症。

4. 防治

（1）尽量降低奶牛蹄病的发生率。如提高奶牛的舒适度，增加奶牛的采食和活动空间；平衡日粮，防治亚临床性酸中毒。

按干物质计算，日粮中的精粗比不能超过 60：40，总日粮中至少包括 28％的中性洗涤纤维和 18％的酸性洗涤纤维，日粮饲料干物质的变化不能超过 1 千克，确保在日粮中有足够长度的粗饲料。

（2）浴蹄。用 10％的硫酸锌或 10％的硫酸铜溶液，每天药浴牛蹄。足浴液最好 2～3 天换 1 次，每头牛每年最少进行 1～2 次修蹄保健，干奶期是最佳的修蹄时期。美国的牛场在奶牛干奶期最少进行一次修蹄保健工作。患蹄病的牛必须在产奶后 100～150 天再修蹄一次，跛行牛根据需要随时修蹄。患蹄病的牛必须及早治疗，还要注意修蹄器械的消毒。

（3）蹄病治疗。奶牛蹄病，基本的治疗方法是"洗、削、挖、敷、包"，首先将奶牛保定。一是洗，就是用清水或 1％的高锰酸钾溶液将患蹄清洗干净；二是削，就是对患蹄进行必要的修整，充分暴露病变部位；三是挖，就是对于有腐烂腔洞的患蹄，对腔洞进行扩创，彻底去除坏死组织，让其流出鲜血，而后用高锰酸钾填塞创腔止血，接着用 30％～50％的高锰酸钾溶液清洗创腔；四是敷，就是用青霉素鱼肝油乳剂涂搽在创面上，然后用小块纱布浸松馏油填在创腔内；五是包，最后以绷带包扎固定：隔 5～7 天检查一次，如绷带未脱落则无需处理，否则再补一次，一般 1～3 次即可康复。对于发现较早，轻症蹄病，一般用"洗、削、敷、包"四步即可，3～4 天即可康复。重症还要输液，进行全身治疗。应给予营养平衡的全价饲料，以满足奶牛对各种营养成分的需求，禁止用患有肢蹄病缺陷的种公牛配种。

第三节 全混合日粮

一、全混合日粮的含义

奶牛全混合日粮（Total Mixed Rations，TMR），是指根据

奶牛生长发育不同阶段及泌乳阶段奶牛的营养需求和饲养目的，按照营养调控技术和多饲料搭配原则而设计出的奶牛全价营养日粮配方，将粗料、精料、矿物质、维生素和其他添加剂充分混合，能够提供足够的营养以满足奶牛需要的饲养技术。TMR饲养技术在配套技术措施和性能优良的 TMR 机械的基础上能够保证奶牛每采食一口日粮都是精粗比例稳定、营养浓度一致的全价日粮。目前，这种成熟的奶牛饲喂技术在以色列、美国、意大利、加拿大等国已经普遍使用，我国正在逐渐推广使用。

二、TMR 技术的优点

1. 可提高奶牛产奶量　多所大学研究表明，饲喂 TMR 的奶牛每千克日粮干物质能多产 $5\%\sim8\%$ 的奶；即使奶产量达到每年 9 吨，奶产量仍然能增长 $6.9\%\sim10\%$。

2. 增加奶牛干物质的采食量　TMR 技术将粗饲料切短后再与精料混合，这样物料在物理空间上产生了互补作用，从而增加了奶牛干物质的采食量。在性能优良的 TMR 机械充分混合的情况下，完全可以排除奶牛对某一特殊饲料的选择性（挑食），因此有利于最大限度地利用最低成本的饲料配方。同时，TMR 是按日粮中规定的比例完全混合的，减少了偶然发生的微量元素、维生素的缺乏或中毒现象。

3. 提高牛奶质量　粗饲料、精料和其他饲料均匀混合后，被奶牛统一采食，减少了瘤胃 pH 波动，从而保持瘤胃 pH 稳定，为瘤胃微生物创造了良好的生存环境，从而促进微生物生长、繁殖，提高微生物的活性和蛋白质的合成率。饲料营养的转化率（消化、吸收）提高了，奶牛采食次数也相应增加，进而奶牛消化紊乱减少且乳脂含量显著增加。

4. 降低奶牛疾病发生率　瘤胃健康是奶牛健康的保证，使用 TMR 后能预防营养代谢紊乱，减少真胃移位、酮血症、产褥热、酸中毒等营养代谢病的发生。

5. 提高奶牛繁殖率 泌乳高峰期的奶牛采食高能量浓度的TMR 日粮，可以在保证不降低乳脂率的情况下，维持奶牛健康体况，有利于提高奶牛受胎率及繁殖率。

6. 节省饲料成本 奶牛采食 TMR 日粮，不能挑食，营养素能够被奶牛有效利用。与传统饲喂模式相比，饲料利用率可增加 4%；TMR 日粮的充分调制还能够掩盖饲料中适口性较差但价格低廉的工业副产品或添加剂的味道，每年可以节约数万元。

7. 节省劳力时间 采用 TMR 后，饲养工人不需要将精料、粗料和其他饲料分道发放，只要将料送到即可；采用 TMR 后管理轻松，降低管理成本。

三、TMR 具体应用条件

1. 比较适用于自由牛床散放饲养模式的大型奶牛场。

2. 比较适用于遗传潜质比较一致的牛群，牛群应按不同营养需要实施分群饲养（群体头数不宜过多，以 30～50 头一小群为佳）；

3. 饲喂 TMR，按奶牛营养需要的量再增加 10%配给，以照顾采食能力差的奶牛也能采食较多的 TMR 料。在一段时间中用颈夹固定牛只采食，是保证所有奶牛有一定采食量的好办法。

4. TMR 料中粗纤维揉切成 2～3 厘米为度。另可给予一些长纤维秸秆供奶牛自由采食。

5. TMR 含水量一般在 50%，但应以保持良好的适口性和混合状态为评定尺度，并给予奶牛自由饮水的条件。

6. 每次分发 TMR 后，还应根据气候等因素对日粮湿度、保鲜状况和混合态势的影响，尽可能地延长在槽时间，以适应不同牛只的采食行为。每天饲喂 2 次，有益于采食均匀和提高采食量，在饲料容易变质的情况下，可每天喂 3 次。

7. 要注意将 TMR 料堆集至奶牛能采食到的范围内。

8. 对实际配制的 TMR 的全料与残料的营养成分要经常监控。

9. 奶牛间遗传素质差异明显时，对个体营养需要差异大的奶牛应在补料站给予营养补充。

10. 牛群应该健康无传染性疾病。

四、TMR 饲喂原则

1. 围生前期（产前 2～3 周）　围生前期，奶牛的干物质采食量下降（大体型牛 10.5 千克/天），可是由于胎儿的生长及泌乳的临近，奶牛对蛋白和能量总量的需求却在增加。此期必须使用围生前期料，目标就是满足奶牛营养需求、调整瘤胃微生物及瘤胃柱状绒毛（其可吸收瘤胃中的挥发性脂肪酸）的生理功能，以便能够在精料比例增大，采食量波动不定、下降的情况下瘤胃有较好的功能。要注意日粮的适口性，日粮粗蛋白质应该含 15%、钙 0.7%、磷 0.3%、非结构性碳水化合物（3～3.5 千克的谷物）32%～34%、适当长度的有效纤维，每天每头牛日粮中应供给 2.25 千克优质干草，日粮中平衡的矿物元素对预防产褥热至关重要。

2. 新生期（产后 0～30 天）　新生牛采食量较低，可是营养需求却较高。新生期最主要的目标就是在有效预防代谢疾病、保持瘤胃有良好功能的基础上，满足新生牛的营养需求。制作新生牛日粮配方时，饲草中性洗涤纤维的含量要略高于高产日粮，应有 2 千克长干草。新生期是泌乳的关键时期，投入越高回报也越大。为了预防酮病，使奶牛达到理想的产奶高峰，有必要使用一些添加剂，如丙酸钙、烟酸、瘤胃保护胆碱等。

3. 高峰期（产后 30～150 天）　这段时期，奶牛只有达到理想的采食高峰才能有理想的产奶高峰，饲养的目标就是在维持产奶高峰的同时使奶牛适时受孕。日粮中必须给奶牛提供合适比例的有效纤维，以满足高产需要，精粗比例掌握在 60：40，粗蛋白质水平 16%～18%、钙 1%、磷 0.52%。

4. 头产青年牛 头胎青年牛单独分群饲养能够有效提高产奶量（5%～10%）。头胎青年牛产奶量略低于高产奶牛，干物质采食量也略低于高产牛。现在饲养的最主要目标就是培养高产群，因此头胎青年牛培养目标主要是体型。

5. 泌乳中期（150～210 天） 此段时期奶牛已经怀胎，产奶量逐渐下降。如果饲喂不足就会导致产奶损失，但是过度饲喂也非常有害，一方面，会造成浪费；另一方面，奶牛过肥容易在下一胎发生代谢病，影响产奶量。应视牛群的生产水平确定精粗比例（50～45）：（50～55），粗蛋白质水平为 16%。

6. 产奶后期（210～305 天） 随着产奶量下降奶牛对营养的需求也在下降，此时应该提高日粮中粗饲料的比例，精粗比为（30～35）：（70～65），粗蛋白质水平为 14%，主要的目标就是预防奶牛过肥。

7. 干奶期 干奶期主要是为下一泌乳期做准备，为了控制奶牛体况、恢复瘤胃功能，提供一些长干草非常有必要。应该给奶牛提供矿物元素平衡、蛋白充足的日粮。

五、奶牛全混合日粮调制技术

（一）选择适宜的 TMR 搅拌机

1. 选择适宜的类型 目前，TMR 搅拌机类型多样，功能各异。从搅拌方向分，可分立式和卧式两种；从移动方式分，可分为自走式、牵引式和固定式 3 种。

（1）固定式。主要适用于奶牛养殖小区；小规模散养户集中区域；原建奶牛场，牛舍和道路不适合 TMR 设备移动上料。

（2）移动式。多用于新建场或适合 TMR 设备移动的已建牛场。

（3）立式和卧式搅拌车。与卧式相比，立式搅拌车草捆和长草无需另外加工；相同容积的情况下，所需动力相对较小；混合仓内无剩料等。

2. 选择适宜的容积

（1）容积计算的原则。选择尺寸合适的TMR混合机时，主要考虑奶牛干物质采食量、分群方式、群体大小、日粮组成和容重等，以满足最大分群日粮需求，兼顾较小分群日粮供应。同时考虑将来奶牛场的发展规模，以及设备的耗用，包括节能性能、维修费用和使用寿命等因素。

（2）正确区分最大容积和有效混合容积。容积适宜的TMR搅拌机，既能完成饲料配置任务，又能减少动力消耗，节约成本。TMR混合机通常标有最大容积和有效混合容积，前者表示混合内最多可以容纳的饲料体积，后者表示达到最佳混合效果所能添加的饲料体积。有效混合容积等于最大容积的70%～80%。

（3）测算奶牛日粮干物质采食量。奶牛日粮干物质采食量，即DMI，一般采用如下公式推算：DMI（干物质采食量）占体重的百分比＝$4.084-(0.003\,87\times BW)+(0.058\,4\times FCM)$。其中：BW＝奶牛体重（千克），FCM（4%乳脂校正的日产量）＝$(0.4\times产奶量千克)+(15\times乳脂千克)$。非产奶牛DMI假定为占体重的2.5%。

（4）测算适宜容积。举例说明：牧场有产奶牛100头，后备75头，利用公式推算产奶牛DMI为25千克/（头·天），后备牛DMI为6千克/（头·天），则产奶牛最大干物质采食量为$100\times25=2\,500$千克，后备牛采食量最小为$75\times6=450$千克。如1天3次饲喂，则每次最大和最小混合量为：最大量$2\,500/3=830$千克、最小重量$450/3=150$千克。也就是说，混合机有效混合容积为$0.9\sim5.0$米^3，最大容积为（混合容积为最大容积的70%）为$1.2\sim7.1$米^3。生产中一般应满足最大干物质采食量。

（二）合理设计TMR

1. TMR类型 根据不同阶段牛群的营养需要，考虑TMR

的制作方法，一般要求调制 5 种不同营养水平的 TMR，分别为高产牛 TMR、中产牛 TMR、低产牛 TMR、后备牛 TMR 和干奶牛 TMR。

2. TMR 营养　由配方师依据各阶段奶牛的营养需要，搭配合适的原料。通常产奶牛的 TMR 营养应满足：日粮中产奶净能（NEL）应在 $6.7\sim7.3$ 兆焦/千克（DM），粗蛋白质含量应在 $15\%\sim18\%$，可降解蛋白质应占总粗蛋白质的 $60\%\sim65\%$。

3. TMR 的原料　充分利用地方饲料资源；积极储备外购原料。

4. TMR 推荐比例　青贮 $40\%\sim50\%$、精饲料 20%、干草 $10\%\sim20\%$、其他粗饲料 10%。

（三）正确操作 TMR 搅拌设备

1. 建立合理的填料顺序　填料顺序应借鉴设备操作说明，参考基本原则，兼顾搅拌预期效果来建立合理的填料顺序。

（1）基本原则。先精后粗，先干后湿，先轻后重。适用情况：各精饲料原料分别加入，提前没有进行混合；干草等粗饲料原料已提前粉碎、切短；参考顺序：谷物—蛋白质饲料—矿物质饲料—干草（秸秆等）—青贮—其他。

（2）适当调整。按照基本原则填料效果欠佳时，精饲料已提前混合一次性加入时，混合精料提前填入易沉积在底部难以搅拌时，干草没有经过粉碎或切短直接添加时，填料顺序可调整为干草—精饲料—青贮—其他。

2. 设置适合的搅拌时间　生产实践中，为节省时间提高效率，一般边填料边搅拌，等全部原料添完，再搅拌 $3\sim5$ 分钟，确保搅拌后日粮中大于 3.5 厘米长纤维粗饲料（干草）占全日粮的 $15\%\sim20\%$。

（四）正确评价 TMR 搅拌质量

1. 感官评价　TMR 日粮应精粗饲料混合均匀，松散不分离，色泽均匀，新鲜不发热、无异味，不结块。

2. 水分检测　TMR 的水分应保持在 $40\%\sim50\%$ 为宜。每周应对含水量较大的青绿饲料、青贮饲料和 TMR 混合料进行一次干物质（DM）测试。

3. 宾州筛过滤法　专用筛由两个叠加式的筛子和底盘组成。上筛孔径 1.9 厘米，下筛孔径 0.79 厘米，最下面是底盘。具体使用步骤：随机采取搅拌好的 TMR，放在上筛，水平摇动，直至没有颗粒通过筛子为止。日粮被筛分成粗、中、细三部分，分别对这三部分称重，计算它们在日粮中所占的比例。推荐比例：粗＞1.9 厘米，$10\%\sim15\%$；中＞0.8 厘米，＜1.9 厘米，$30\%\sim50\%$；细＜0.8 厘米，$40\%\sim60\%$。

六、奶牛 TMR 配方

应先了解奶牛大致的采食饲料量，从《奶牛饲养标准》中查出奶牛每天营养成分的需要量，从饲料成分及营养价值表中查出现有饲料的各种营养成分，根据现有各种营养成分进行计算，合理搭配，配合成平衡日粮。

（一）奶牛 TMR 饲料选择

1. 粗料　包括青干草、青绿饲料，农作物秸秆等。具有容积大，纤维素含量高，能量相对较少的特点。一般情况粗料不应少于干物质的 50%，否则会影响奶牛的正常生理机能。

2. 精料　包括能量饲料、蛋白质饲料，以及糟渣类饲料，含有较高的能量、蛋白质和较少的纤维素，供给奶牛能量、蛋白质。

3. 补加饲料　一般包括矿物质添加剂、饲料添加剂等，占日粮干物质比例很低，但也是维持奶牛正常生长、繁殖、健康、产奶所必需的营养物质。

（二）日粮配合原则

1. 将牛群划分为高产群、中产群、低产群和干奶群，然后参考《奶牛饲养标准》为每群奶牛配合日粮，饲喂时，再根据每只牛的产奶量和实际健康情况适当增减喂量，即可满足其营养需要。个别高产奶牛可单独配合日粮。在散栏式饲养状况下，也可按泌乳不同阶段进行日粮配合。

2. 日粮配合必须以《奶牛饲养标准》为基础，充分满足奶牛不同生理阶段的营养需要。

3. 饲料种类应尽可能多样化，可提高日粮营养的全价性和饲料利用率。

为确保奶牛足够的采食量和消化机能的正常，应保证日粮有足够的容积和干物质含量，高产奶牛（日产奶量 20～30 千克），干物质需要量为体重的 3.3%～3.6%；中产奶牛（日产奶量 15～20 千克）为 2.8%～3.3%；低产奶牛（日产奶量 10～15 千克）为 2.5%～2.8%。

4. 日粮中粗纤维含量应占日粮干物质的 15%～24%，否则会影响奶牛正常消化和新陈代谢。这要求干草和青贮饲料应不少于日粮干物质的 60%。

5. 精料是奶牛日粮中不可缺少的营养物质，其喂量应根据产奶量而定，一般每产 3 千克奶饲喂 1 千克精料。奶牛常用饲料最大用量：米糠、麸皮 25%，谷实类 75%，饼粕类 25%，糖蜜为 8%，干甜菜渣为 25%，尿素为 1.5%～2%。

6. 配合日粮时必须因地制宜，充分利用本地的饲料资源，以降低饲养成本，提高效益。

七、注意事项

1. 牛群的外貌鉴定和生产性能测定：实施 TMR 饲养技术的奶牛场，要定期对个体牛的产奶量、奶的成分及其质量进行检测，这是科学饲养奶牛的基础，对不同生长发育阶段（泌乳期、泌乳阶段）及体况的奶牛要合理分群，这是总生产成绩提高的必要条件。

2. TMR 及其原料常规营养成分的分析：测定 TMR 及原料各种营养成分的含量是科学配制日粮的基础，即使同一原料（如青贮玉米和干草等），因产地、收割期及调制方法不同，其干物质含量和营养成分也有很大差异，所以，应根据实测结果配制 TMR。另外，必须经常检测 TMR 中的水分含量及动物实际的干物质采食量（尤其实高产奶牛更应如此），以保证动物足量采食。

3. 饲养方式的转变应有一定的过渡期：在由放牧饲养或常规精、粗料分饲转为自由采食 TMR 时，应有一定的过渡期，以使奶牛平稳过渡，避免由于采食过量引起消化疾病及酸中毒。

4. 保持自由采食状态：TMR 可以采用较大的饲槽，也可以不用饲槽，而是在围栏外修建一个平台，将日粮放在平台上，供奶牛随意进食。

5. 注意奶牛采食量及体重的变化：饲喂时，奶牛的食欲高峰要比产奶高峰迟 2～4 周出现，泌乳期的干物质消耗量比产奶量下降要缓慢；在泌乳的中期和后期可通过调整日粮精、粗料比来控制奶牛体重。

6. TMR 的营养平衡性和稳定性要有保证。

第四节　计算机技术

随着养牛业生产技术的不断发展，计算机技术在牛场管理中所起的作用越来越重要。现代牛场在实现自动化、智能化和网络化管理的过程中都必须依赖于计算机技术。在奶业发达国家，早在 20 年前计算机技术就已被大型奶牛场广泛应用。在我国计算机技术应用于奶牛业生产管理起步较晚，还处于初级阶段。

一、计算机技术在牛场生产管理中的应用

计算机技术在奶牛场管理中的应用相对于肉牛场来讲更为广

泛。目前，奶牛场管理软件一般包括生产管理信息和生产管理决策支持两个系统。

1. 生产管理信息系统 该系统包括奶牛生产信息库、育种管理库、生产管理库及规范化饲养库等若干个相互独立的子系统。

（1）奶牛生产信息库。在该库中设有奶牛个体记录、牛奶生产与质量（群体情况）、奶牛个体情况、牛群保健数据等栏目，包括日报表和月报表，可以提供个体牛在泌乳期间奶质量变化的信息，使相关生产技术人员及时了解奶的质量、牛群情况，并提供 DHI 报告单。通过分析结果，可以了解奶牛场的整体生产情况，及牛群中的异常问题，可对许多生产环节起指导作用和监控作用，对奶牛场的稳产、高产具有重要的意义。

（2）育种管理库。设有奶牛系谱档案管理、奶牛育种数据、后裔测定信息、奶牛繁殖数据等栏目。通过分析结果，可以了解奶牛个体的生产性能。

（3）生产管理库。包括牛群日记、产奶记录、饲料消耗记录、生产情况月报等栏目。通过分析结果，可以了解奶牛繁殖业绩、饲料消耗，确定饲料采购计划及采购量。

（4）规范化饲养库。设有高产奶牛饲养管理规范、阶段饲养操作规程、典型日粮配方等栏目。分析当日产奶情况，提供监测信息，可以直接用线性规划程序来优化和设计奶牛饲料配方，计算饲料配方的饲料价值，根据奶牛饲养标准和每头奶牛的具体体重、产奶量、乳脂率、产奶阶段等情况计算个体日粮的饲喂量，并可对饲喂的饲料是否符合营养标准进行验证评定。

同时，该系统还具有信息查询、数据输入与更新、计算与分析、输出打印等功能。

2. 生产管理决策支持系统 该系统设有信息查询库、生产分析模块、生产预测模块、生产决策模块等。其中，生产分析模块包括生产函数建立、数据的统计、生产消长趋势图形分析、生产诊断等子模块；生产预测模块包括奶牛发展规模、牛群结构、产奶量等的预测；生产决策模块包括生产区划布局、牛群结构优化、牛群周转、牛群发展规模、饲料配方、经济分析等决策过程。该系统的核心在于构造和选择奶牛生产管理决策支持系统的任务和所要进行的决策要求，模型系统主要包括分析判断模型、生产函数模型、综合平衡模型、经济分析模型、预测模型和决策模型等。

二、计算机技术在奶牛育种管理中的应用

一些先进国家，应用计算机技术预测母牛发情或分娩，记录各种生理数据，提高其生产性能。美国早在1951年就开始应用计算机对奶牛进行管理。1968年，美国育种服务组织开发了一个遗传配种服务程序（GMS），有20多个国家100万头以上奶牛使用了该程序。在20世纪70年代中期，计算机技术得到迅速发展和普及，Henderson提出的最佳线性无偏预测法数学模型受到各国育种学家的重视，并开始在种公牛选种中应用。目前，在欧美各国，最佳线性无偏预测法在奶牛育种工作中已达到了系统化和规范化，成为现代统计遗传学与计算机相结合的典范。以最佳线性无偏预测法为基础的"方差组分估计（VCCE）"方法，已被公认为最精确的遗传参数估计方法，在家畜育种和数量遗传学中广为应用。

三、计算机技术在奶牛场信息管理中的应用

计算机和信息网络技术使奶牛生产进入了一个新时代。通过Internet网，奶牛场可迅速传递和获取各种信息，从而有效指导生产，提高决策水平。在这方面我国虽然起步较晚，但近年来发展很快，目前已有一些专门化的信息网站。国外的一些大型奶牛企业和协会一般都有自己的网站，我国的一些奶牛企业和专业服务企业近年来也开始建立自己的网站。同时，奶牛企业还可以通

过内部网实现各个部门之间信息的快速交流，从而提高工作效率。此外，计算机技术在饲料配方制订、牛舍建筑设计与环境控制、人事管理、物资管理、市场信息管理以及牛场的自动化管理（自动清粪、自动给料）等方面都发挥了重要作用。

四、计算机技术在我国奶牛业中的应用现状

20 世纪 90 年代初，广州、上海的两个奶牛场，率先引进了美国、加拿大的奶牛管理软件，在传统手工记录的奶牛业中掀起了一次不小的技术革命，但其引进的软件，存在着语言、管理模式、软件应用技术即时改进困难和售后技术支持服务等方面的问题，故一直难以在我国得到广泛应用推广。20 世纪 90 年代末，北京、上海先后推出中文版的奶牛应用软件。1999 年，上海益民软件公司在国内推出了一套完全拥有中国人自主版权的《奶业之星》系列软件产品。2001 年年底，广州市华美牛奶公司购进《奶业之星》网络版，成为第一个用局域网管理奶牛场的用户，这标志着奶牛进行现代化管理实现了一个质的飞跃，也开创了我国奶牛业走进网络化管理时代的先河。目前，国内已经开发出一些有关奶牛技术管理方面的软件并在奶牛管理中进行了应用。主要有奶牛场管理专家系统 V2.0、牛场技术管理软件系统、奶牛养殖专家咨询系统、奶牛生产管理控制一体化系统（主要包含个体识别系统、奶牛发情监测系统、自动饲喂系统、计算机管理系统）等。

五、网络管理平台的搭建

网络平台的搭建实现了规模化牛群异地管理、管理资料和技术资料远程传输、信息资源网络共享等功能，将现代化信息技术成功运用于奶牛场和规模化奶牛养殖企业，改变传统的奶牛养殖模式。网络数据库的建立可以实现网络数据的互动交换和自动处理，进一步加强了网络的管理功能和智能化水平。局域网站和对

外网站的建立实现了内部信息的及时交流和对外技术信息的及时对接，实现了网络与国际的对接，充分体现了"EDTN"的网络化功能，为"EDTN"的主要技术支撑。

TMR工艺和配方软件的有机结合，使奶牛饲养更加精准。分群饲养日粮配方具有较强的针对性，TMR具有较强的精确性、均衡性和稳定性，Rational配方软件设计的可靠性，三者有机的结合，形成了一套新型的饲养模式，将现代先进的养殖理念和管理理念融为一体，提高了牛群的生产表现和健康状况，增加了饲料的利用和转化效率，降低了劳动力成本，实现了较好的利润回报。

第四章

奶牛疫病监控与防疫

第一节　牛疫病诊断监测技术

一、临床检查和流行病学调查要点

　　临床检查和流行病学调查是牛病临床诊断的基本内容。临床检查的目的在于发现并搜集作为诊断根据的症状等资料。症状是病牛所表现的病理性异常现象。每种疾病都可能表现出许多症状，而各个症状在诊断中的地位与意义是不同的，所以必须对每个症状给予一定的评价，某一疾病所特有的症状常具有较为特异性的诊断意义；某一器官或局部疾病时的特定的局部症状表现，在确定疾病主要侵害的器官、部位上常起主要作用；表现明显或对病牛危害严重的症状，在提示可能性诊断及推断预后上，应该给予重视；在疾病的初期所出现的前驱或早期症状，可为疾病的早期诊断提供启示和线索。

　　流行病学调查是通过问诊和查阅有关资料或深入现场，对病牛和牛群、环境条件以及发病情况及发病特点等的调查。流行病学调查在探索致病原因、流行经过等方面有十分重要的意义。

（一）牛病的临床检查要点

　　临床检查的基本方法是视诊、触诊、叩诊和听诊。对病牛的临床检查应着重进行以下几方面检查。

　　1. 视诊　通过详细的视诊，观察病牛整体状态变化，特别是对其发育程度、营养状况、精神状态、运动行为、消化与排泄的活动及功能等项内容，更应详加注意。

2. 注意听取其病理性声音 如喘息、咳嗽、喷嚏、呻吟等，尤其应注意其喘息的特点及咳嗽的特征。

3. 测定体温、脉搏及呼吸数等生理指标 特别是体温，体温升高常可提示某些急性传染病。

4. 细致检查牛体各部位及内脏器官 在普遍检查的基础上，对表被状态特别是鼻盘的湿润度和颜色，皮肤的出血点、疹块、疹等更应注意；通过软腹壁对腹腔器官进行深入触诊，也不应忽视。

（二）牛病的流行病学调查要点

详细的流行病学调查及在需要、条件许可下的现场实际调查，能为临床诊断提供重要依据。

流行病学调查应侧重以下几点：

1. 询问牛病及其经过 何时发病？可推测病的急性或慢性。病的主要表现？可提示其主要症状，并为症状鉴别诊断提供依据。经过如何？是渐重还是渐轻，可分析病势的发展趋势。是否经过治疗，效果如何？根据疗效验证，作为诊断参考。牛群中或同村、邻舍的牛，是否有类似的病例同时或相继发生？可以判断是单发、群发，以及是否有传染性。病势传播得快慢，如是短时间内迅速传播、大批流行，则提示急性传染病的可能，如口蹄疫、牛流行热等；在长期经过中不断地相继发生或散发，则主要考虑为牛结核病或副结核病等。

牛的年龄？是否死亡及死亡率如何？死亡牛的年龄？在问诊、调查时应特别注意。牛发病的同时，其他牲畜是否有类似疾病发生？这一点在判断多种动物共患疾病方面更为重要，如在病牛的蹄趾部出现疱疹并跛行时，猪、羊、骆驼等也有大批同样症状，通常即可判定为口蹄疫。对死亡牛是否进行过剖检，病理变化如何？病理解剖学特征是做出综合诊断的重要依据。

2. 询问病史及疫情 场、村牛群过去有什么疾病？过去是否有类似疾病发生？其经过及结果如何？分析本次疾病与过去疾病的关系，尤其有利于某些可作为地区性疾病的判断、分析。

本地区及附近场、村过去的疫情和现在的病情如何？以及是否有与疫病传播有关系的条件和机会，在推断疫病的来源方面，可供参考。

牛群的补给情况，是否经过检疫与隔离，当地牛交易市场的管理情况及检疫、防疫制度如何等均应注意了解，以便进行综合分析。

3. 询问防疫及其效果　防疫制度及其贯彻情况如何？是否有消毒设施？病死牛尸体的处理怎样？在分析疾病的传播上有一定的实际意义，如牛场中没有合理的防疫制度或虽有但执行不严格，随意由外地引进牛，不进行检疫或人员往来频繁而不消毒，病死牛尸体随便处理等，均有利于疾病蔓延甚至可造成传染病大流行。

预防接种的实施情况如何？特别应对牛流行热、口蹄疫、炭疽等主要传染病预防接种的实际效果进行了解，以利于情况的分析及诊断的参考。

此外，牛群的驱虫制度及其实施情况如何？针对某些地区性常在、多发病所采取的预防措施如何？也要进行了解。

4. 详细了解有关饲养、管理、卫生情况　牛舍饲槽、运动场的卫生条件、状况如何？粪便的清除及处理情况怎样？如圈舍泥泞、饲槽不洁，常为牛副伤寒的发病条件；环境不卫生及乳头不洁可成为大肠杆菌病的致病因素。

饲料的组成、种类、质量与数量，储存与调制方法及饲喂制度如何？饲喂不当常可引起奶牛某些代谢、消化系统及中毒性疾病，如犊牛营养不良、白肌病、维生素缺乏症或贫血等，在此种情况下，奶牛机体抵抗力降低，容易继发传染病；饲料调制不当或用霉变饲料喂牛，常可造成中毒病和胃肠炎。

系统而全面的调查，才能得到充分而真实资料，并为正确诊断提供可靠依据。然而，在很多情况下，仅仅根据一般的临床检查及流行病学调查，还难于得出明确的诊断结论。为此，必要时须进行某些特殊的检验项目，以及对典型病牛或病死牛进行病理解剖或病理组织学检查。特殊项目检验及病理学检查对综合诊断有重要意义。

随着养牛业向集约化、规模化发展，牛群群发性疾病的诊断已成为兽医工作者的一项重要任务。因此在疾病诊断中，还必须注意对牛群群发性疾病的诊断，并做好群发病的防治工作。

二、病理学诊断技术

病理学诊断是牛病诊断的一种重要方法，它是对病死牛或濒死期致死的牛进行剖检，用肉眼和显微镜检查各器官及其组织细胞的病理变化，以达到诊断的目的。某些疾病，特别是传染病，都有一定的特殊性病理变化，如牛流行热、牛瘟、牛副伤寒等，通过尸体剖检，就可做出临床诊断。当然最急性病例往往缺乏特有的病理变化，临床上应尽可能多检查几头，常能搜集到某一疾病的典型病理变化，以支持诊断工作。有些疾病除肉眼检查外，还须采取病料送实验室做病理组织学检查才能确诊。病理学诊断技术主要包括以下内容：

1. 器材准备　胶皮手套、靴子、解剖器材（解剖刀、骨剪、外科剪、镊子和塑料袋等）、装有 10%福尔马林的广口玻璃瓶等。

2. 检查　对病死牛的眼、鼻、口、耳、肛门、皮肤和蹄等做全面的外观检查。

3. 尸体解剖技术要点　牛尸体取仰卧位，先切断肩胛骨内侧和髋关节周围的肌肉，使四肢摊开，然后沿腹壁中线向前切至下颌骨，向后切到肛门，掀开皮肤，再切开剑状软骨至肛门之间的腹壁，沿左右最后肋骨切开腹壁至脊柱部，使腹腔脏器全部暴露。此时检查腹腔脏器的位置是否正常，有无异物和寄生虫，腹膜有无粘连，腹水量、颜色是否正常。然后由横膈处切断食管，由骨盆腔切断直肠，按肝、脾、肾、胃、肠等的次序分别取出检查。胸腔解剖检查沿季肋部切断膈膜，先用刀或骨剪切断肋软骨和胸骨连接部，再把刀伸入胸腔，划断脊柱两侧肋骨和胸椎连接部的胸膜及肌肉，然后用刀按压两侧的胸壁肋骨，使肋骨和胸连接处的关节自行折裂而使胸腔敞开。首先检查胸腔液的量和性状，胸膜的色泽和光滑度，有无出血、炎症或粘连，而后摘取心、肺等进行检查。

4. 病理检查 尸体解剖和病理检验一般同步进行，边解剖边检查，以便观察到新鲜的病理变化。对实质器官（肝、脾、肾、心、肺、胰、淋巴结等）的检查，应先观察其大小、色泽、光滑度、硬度和弹性，有无肿胀、结节、坏死、变性、出血、充血、瘀血等常见病理变化，之后将其切开，观察切面的病理变化。胃肠检查一般放在最后，先观察浆膜变化，后切开进行检查。气管、膀胱、胆囊的检查方法与胃肠相同。脑和骨只有在必要时才进行检验。此外，在肉眼观察的同时，必要情况下，取小块病变组织（2 厘米×3 厘米）放入盛有 10％福尔马林溶液的广口瓶固定，以便进行病理组织学检查，或采集有关病料送实验室检验。

三、实验室检查

实验室检查包括内容很多，概括起来有以下几个方面：

1. 常规实验室检查 主要包括病牛的血液、尿液、粪、胃液，及胃内容物、脑脊髓液、渗出液及漏出液、血液生化检验等内容，在实验室的特定设备、条件下，测定其物理性状，分析其化学成分，或借助显微镜观察其有形成分等，为疾病诊断、鉴别、治疗以及预后判断提供参考。

2. 病理组织学检查 是将送检病料通过修整、石蜡包埋、切片、固定、染色、封片等病理切片方法制作成病理组织学切片，借助光学显微镜观察其各器官组织和细胞的病理学变化的过程，其结果可作为疾病诊断、鉴别等的依据。

3. 病原体检查 实验室常用特别是在牛的疫病的诊断工作中最为常用。主要包括普通显微镜或电子显微镜检查、病原体的分离培养鉴定、实验动物或鸡胚接种试验等。病原体的检查在牛病确诊方面有着十分重要的意义。

4. 血清学检查 也是牛病诊断及流行病学调查最常用的实验室检查方法之一。主要是测定血清中的特异性抗体或送检病料中的抗原，包括沉淀试验（含琼脂扩散试验）、凝集试验（含间接血凝试验等）、补体结合试验、中和试验、免疫荧光试验、放射免疫试验、酶联免疫吸附试验，以及核酸探针、多聚酶链式反应等现代化疫病检测技术等。

四、病料采集、保存和送检方法

(一) 病料采集

合理取材是实验室检查能否成功的重要条件之一。因此，采集病料应注意以下几种情况：①怀疑某种传染病时，应采该病常侵害的部位；②提不出怀疑对象时，则采全身各脏器组织；③败血性传染病，如牛瘟、牛出血性败血症等，应采集心、肝、脾、肺、肾、淋巴结和胃肠等器官组织，胃、肠的断端应做结扎处理；④以侵害某种器官为主的传染病，采集该病侵害的主要器官组织，如狂犬病采取脑和脊髓，牛肺疫采取肺的病变部位，有流产症状的传染病则采集胎儿和胎衣，口蹄疫则采集口、蹄部的水疱皮和水疱液等；⑤检查血清抗体时，采集血液，待血凝固血清析出后，分离血清送检；⑥怀疑为中毒性疾病时，应采集喂食的饲料、饮水等，以及胃内容物；⑦进行常规检验，需要什么则采集什么，如要进行尿液化验分析，就采集尿液；⑧疫病检验，病料必须无菌采集。

（二）病料保存

除病料采集要得当外，还要保持采集的病料新鲜或接近新鲜。保存检验材料的方法有以下几种：

1. 细菌检验材料　将无菌采集的组织块（新鲜）等材料，保存于饱和盐水（蒸馏水 100 毫升，加入氯化钠 38～39 克，充分溶解、过滤、高压灭菌后使用）或 30％甘油缓冲液（纯净甘油 30 毫升，氯化钠 0.5 克，磷酸氢二钠 1.0 克，蒸馏水加至 100 毫升，高压灭菌后使用）中，容器加塞封固送检。

2. 检验材料　将无菌采集的病料保存于 50％的甘油缓冲液（中性甘油 500 毫升，氯化钠 8.5 克，蒸馏水 500 毫升，分装，高压灭菌后使用）中送检。病料为液体，如口蹄疫水疱液，则应无菌采集装灭菌小瓶中密封后直接送检。

3. 病理组织学检验材料　将组织块放入 10％的福尔马林溶液或 95％的酒精中固定（固定液的量应是标本体积的 5～6 倍以上，用福尔马林溶液固定，应在 24 小时后换固定液 1 次），密封送检。

（三）病料送检

1. 对送检的病料，应在容器上编号，做好记录，并附详细记录的病料送检单。

2. 送检病料包装应安全稳妥；对危险材料、怕热或怕冻的材料，应分别采取相应措施。一般情况下，微生物学检验材料都怕受热，应冷藏包装送检，而病理学检查材料都怕冻，包装送检应严防冻结。

3. 病料包装好后，应尽快送达检验单位，短途或危险材料应派专人直接送达，远途可以空运。

（四）注意事项

1. 采集病料要及时，应在奶牛死后立即采集，最好不超过 6 小时，以防组织变性和腐败。

2. 采集病料应选择症状和病变典型的病例，最好能同时分别选择几种不同病程的病料。

3. 剖检取材之前，应先对奶牛病情、病史加以了解和记录，并对剖检前后的病理变化进行详细记录。

4. 为减少污染机会，一般先采集微生物学检验材料，然后再结合剖检采集病理检验材料等。

第二节　牛疫病防疫技术

一、牛传染病防疫原则及内容

1. 原则　牛传染病的流行由传染源、传染途径和易感牛 3 个要素相互关联而形成，必须采取适当的综合性卫生防疫措施，消除或切断三者中的任何一个环节，才能控制传染病的发生和流行。

2. 加强饲养管理，搞好清洁卫生　乳牛场必须贯彻"预防为主"的方针，只有加强饲养管理，搞好清洁卫生，增强乳牛的抗病能力，才能减少疾病的发生。饲喂各类饲料前必须对其仔细检查，凡是发霉、变质、腐烂的饲料不能饲喂。牛的日粮应根据饲养标准配制，以满足其生长和生产需要，并根据不同阶段及时进行调整。要保证供应足够的清洁饮水。饲喂时还要注意牛的食欲变化及对饲料的特殊喜好。

乳牛应适量运动。除大风、雨雪、酷暑及放牧场泥泞不宜放牧外，应经常放牧，以增加运动量和光照度。

牛舍门窗要随季节及天气变化启闭。其原则是，冬天要保暖，空气要流通，防止贼风及穿堂风，以防乳牛感冒；夏天要做好通风和防暑降温工作，有条件的可用冷水喷淋，防止热应激。牛舍要尽量做到清洁、干燥。每次放牧后必须清除放牧场的粪便，并经常清除杂草、碎砖石及其他杂物。

3. 坚持消毒制度，加强隔离和封锁　乳牛场必须严格执行消毒制度，清除一切传染源。生产区及牛舍进口处要设置消毒池及消毒设备，对进出人员及车辆进行有效消毒。生产区的每季度消毒不少于一次，牛舍每月消毒一次，牛床每周消毒一次，产牛舍、隔离牛舍和病牛舍要根据具体情况进行必要的经常性消毒。如发现牛只可能患有传染性疫病时，应将其隔离饲养，死亡乳牛应送到指定地点进行妥善处理。养过病牛的场地应立即进行清理和消毒，饲养用具也要严格消毒，垫草（料）要烧毁。发生呼吸道传染病时，牛舍内还应进行喷雾消毒。疫病流行期间应增加消毒的频率。

引进新牛时，必须先进行必要的传染病检疫。阴性反应的牛还应按规定隔离饲养一段时间，确认无传染病时，才能并入原有牛群。

暴发烈性传染病时，除严格隔离病牛外，应立即向上级主管部门报告，还应划区域封锁。在封锁区边缘要设置明显标识，减少人员往来，必要的交通路口设立检疫消毒站，执行消毒制度。封锁区内应严格执行兽医主管部门对病、死牛的处理规定，妥善做好消毒工作。在最后一头牛痊愈或处理完毕后，经过一定的封锁期及全面彻底消毒后，才能解除封锁。

4. 建立定期检疫制度　牛结核病和布鲁氏菌病都是人兽共患病。早期查出患病牛只，及早采取果断措施，以确保牛群的健康和产品安全。按现今的规定，牛结核病可用牛结核病提纯结核菌素变态反应法检疫，健康牛群每年进行两次。牛布鲁氏菌病可用布鲁氏菌试管凝集反应法检疫，每年两次。其他的传染病可根据具体疫病采用不同方法进行。

寄生虫病的检疫则根据当地经常发生的寄生虫病及中间宿主进行定期检查，如屠宰牛的剖检、寄生虫虫卵的检查、血液检查以及体表的检查等，对疑似病牛及早做预防性治疗。

5. 定期执行预防接种制度　我国幅员辽阔，各地疫情不一，应遵照执行当地兽医行政部门提出的奶牛主要疾病免疫规程，定期接种疫苗，如抗炭疽病的炭疽芽孢苗、口蹄疫苗等，以增强乳牛对传染病的抵抗力。

6. 严格执行农业部有关兽药管理条例新的实施细则　认真实施 NY 5046—2001　无公害畜产品　奶牛饲养兽药使用准则和 NY 5047—2001　奶牛饲养兽药防疫准则。

二、奶牛养殖场疫病的防控措施

1. 建立完善的消毒制度

（1）按奶牛养殖场的饲养规模，在四周应建围墙（网、栏），大门口应设外来人员更衣室和紫外线灯等消毒设备。还要建车辆消毒池，参考尺寸为长 4.5 米、宽 3.5 米、深 0.1 米；人行过道消毒池，参考尺寸为长 2.8 米、宽 1~1.4 米、深 0.05 米。池底要有坡度，并设排水孔。生产区与其他区要建缓冲带，生产区的出入口设消毒池、员工更衣室、紫外线灯和洗涤容器。

（2）每年春秋两季用 2% 的苛性钠溶液和 10% 的石灰乳等对牛舍、周围环境、运动场地面、饲槽、水槽等进行消毒处理。

（3）及时处理粪尿，防止污染环境。

2. 定期进行预防接种、检疫

（1）养殖场奶牛在春秋两季要进行结核病检疫。使用精制结核菌素进行皮下注射，经 72 小时观察局部有无明显的炎性反应，如果皮厚差≥4 毫米，可初步判定为阳性病牛，经复检无误后，在动物卫生部门监督下进行扑杀处理。

（2）养殖场还要进行奶牛布鲁氏菌病的检疫。即在春秋两季抽取奶牛血样，采用试管血清凝集试验方法，进行对比试验，如发现阳性病牛，在动物卫生管理部门监督下及时处理。

（3）养殖场奶牛要实行《奶牛健康证》管理和免疫标识制度，奶牛佩戴耳标，实现一牛一标一号，建立档案，详细记录奶牛免疫、饲养和用药情况，及时掌握和监控牛群疾病情况，为产品卫生安全追溯制度奠定良好的基础。

（4）奶牛养殖场要在当地动物防疫部门指导下，根据各种传染病的发病季节，做好相应的免疫接种计划，每年进行 2 次口蹄疫疫苗、1 次炭疽菌苗预防注射。

3. 坚持自繁自养原则　坚持自繁自养原则，既有利于奶牛饲养，又可避免购买奶牛时带进各种传染病。如果必须引进奶牛，则一定要从非疫区引进，要选派专业很强的兽医技术人员到产地与兽医部门联合对牛只进行检疫，证明无传染病后才可引进。购进后，应隔离饲养 2 个月，经检疫无病后方可进入场区饲养。

4. 要进行牛群健康普查

（1）奶牛养殖场每年应定期对奶牛进行 1～2 次健康检查（包括酮病、骨营养不良病），了解奶牛群代谢状况，定期邀请当地动物防疫部门对牛只抗体水平进行监测，及时掌握免疫接种效果，为科学制订防疫、检疫程序提供依据。

（2）要抓好疾病预防工作，突出强调牛群的安全，不能只针对个体，所采取的一切措施要从小区奶牛群体情况出发，应有益于群体。

（3）要做好牛舍间土地的绿化，注意舍内通风换气，搞好冬季防寒保温和夏季防暑降温工作。注意运动场地的保养，要充足供应饮水、补饲矿物质。

（4）要搞好牛体自身卫生。应经常刷拭牛体。奶牛的乳房毛可能沾有大量的污物和细菌，很容易污染牛奶和乳头，其污染物是奶牛患乳房炎的潜在威胁，可于春秋两季将奶牛保定，用工具将乳房上的毛剃干净。

（5）要注意奶牛的蹄子保护。及时清除地面的碎石、铁丝等坚硬异物，保持牛床、运动场及蹄部清洁干净，每年春秋两季进行检蹄、修蹄和护蹄 1～2 次。

5. 应进行针对性的药物预防

（1）对一些细菌引起的疾病，应及时用针对性强的抗生素进行治疗。如奶牛乳房炎，可先用 50 ℃左右水浸泡的毛巾洗净乳房及乳头，进行按摩。再用 0.1%高锰酸钾液擦净乳房和乳头；

挤完奶后，用0.5％碘溶液或0.15％～1％洗必泰溶液清洗乳房和乳头。对患病牛，除积极治疗外，还要注意反复挤净乳汁，每天挤4～6次有利于痊愈。

（2）对一些寄生虫引起的疾病，如奶牛焦虫病，在蜱繁殖季节和放牧之前，贝尼尔（血虫净）每千克体重5～7毫升，临用时用水配成7％溶液，臀部肌内注射。

（3）泌乳牛在正常情况下禁止使用任何药物（尤其是抗生素），必须用药时，药残期的牛奶不应作为商品牛奶出售。

（4）对高产奶牛易发生的钙缺乏等病症，可静脉注射葡萄糖酸钙预防。

总之，小区在栏牛群的主要疾病年发病率应低于8％～10％，死亡率应在2％～3％以下。

6. 做好相关业务记录，保存好资料

（1）生产记录，包括产奶量、乳脂率、配种产犊、饲料使用、兽药使用、系谱等。

（2）兽医诊疗记录，包括奶牛健康检查，疾病诊疗，防疫、检疫等，做到一牛一档。

（3）病、死、淘汰牛记录，包括病牛奶的处理、死亡牛只的无害化处理记录。淘汰牛出售时应抄写或复印有关记录随牛带走。

三、做好奶牛卫生保健

奶牛卫生保健包括牛场的卫生防疫措施、乳房卫生保健、蹄部卫生保健和营养代谢病监控等。

1. 牛场的卫生防疫措施

（1）牛场生产区和生活区严格分开，建围墙或防疫沟，生产区门口设消毒室、消毒池。

（2）非本场车辆，人员不能随意进入牛场内，进入的人员要更换工作服、鞋，并进行消毒。

（3）防止一切外来畜禽进入场区。

（4）经常清理牛场环境，使运动场无石头、砖块、塑料、铁丝及积水等。牛舍、运动场每天清扫，粪便及时清除，尸体、胎衣深埋，粪便堆放指定地点发酵。

（5）牛舍人员应搞好个人卫生，每年进行一次健康检查，凡患结核病，布鲁氏菌病者均应调离牛场。

（6）冬季做好保暖工作，夏季做好防暑降温工作，消灭蚊、蝇。每月对牛舍运动场彻底消毒一次。

（7）每年按免疫程序对牛群进行疫苗接种和驱虫工作。

（8）定期对牛群进行检疫，如结核病、布鲁氏菌病等。

（9）发现重大疫情及时上报，对疫区进行封锁隔离，必要时进行紧急预防接种。

2. 乳房卫生保健

（1）经常保持乳房清洁，注意清除损伤乳房的隐患。

（2）挤奶时清洗乳房的水和毛巾必须清洁，水中可加0.03％漂白粉或3％～4％的次氯酸钠等，毛巾要消毒。

（3）挤奶后，每个乳头都要立即药浴，可用3％～4％的次氯酸钠（现配）。

（4）停奶前10天监测隐性乳房炎，阳性或临床乳房炎必须治疗，在停奶前3天再监测2次，阴性方可停奶。

（5）挤奶人员、挤奶器等工具一定做好清洗消毒工作。

（6）先挤健康牛后挤病牛奶（用具专用），严重乳房炎患牛，可淘汰。

3. 蹄部卫生保健

（1）牛舍、运动场地面应保持平整、干净、干燥。

（2）保持牛蹄清洁、清除趾（指）间污物或用水清洗（夏天）。

（3）要坚持定期消毒。用4％硫酸铜液喷洒浴蹄，夏、秋季每5～7天进行1～2次。冬天可适当延长间隔。

（4）坚持每年对全群牛只肢蹄普查一次，对蹄变形牛于春、秋季节统一修整。

（5）对蹄病患牛及时治疗，促进痊愈过程。

（6）按操作过程正确修蹄。

（7）坚持供应平衡日粮和正确的配种程序。

4. 营养代谢病监控

（1）高产牛在停奶时和产前 10 天左右作血样抽样检查，测定有关生理指标。

（2）定期监测酮体，产前 1 周，产后 1 个月内每隔 1～2 天监测 1 次。发现异常及时采取治疗措施。

（3）加强临产牛监护，对高产、体弱、食欲不振的牛在产前一周可适当补 20% 葡萄糖酸钙 1～3 次，以增加抵抗力。

（4）注意奶牛高产时的护理。在产奶高峰时，可在日粮中添加碳酸氢钠 1.5%（加入精料中）。

（5）每年随机抽检 30～50 头高产牛作血钙、血磷监测。

四、奶牛易患传染病的免疫程序

1. 牛口蹄疫弱毒疫苗　每年春、秋两季各用同型的口蹄疫弱毒疫苗接种一次，肌内注射或皮下注射，1～2 岁牛 1 毫升，2 岁以上牛 2 毫升。注射后 14 天产生免疫力，免疫期 4～6 个月。若第 1 次注射后，间隔 15 天再注射一次会产生更强的保护力。

2. 牛传染性鼻气管炎疫苗

（1）4～6 月龄犊牛接种。

（2）空怀青年母牛在第 1 次配种前 40～60 天接种。

（3）妊娠母牛在分娩后 30 天接种。

已注射过该疫苗的牛场，4 月龄以下的犊牛不接种任何疫苗。

3. 牛病毒性腹泻疫苗

（1）任何时候都可以使用，妊娠母牛也可以使用，第 1 次注射后 14 天应再注射一次。

(2) 1～6 月龄犊牛接种；空怀青年母牛在第 1 次配种前 40～60 天接种；妊娠母牛在分娩后 30 天接种。

4. 牛布氏杆菌 19 号菌苗　5～6 月龄母犊牛接种。

5. 猪型布鲁氏菌 2 号菌苗　口服，用法同 19 号菌苗。

6. 羊型布鲁氏菌 5 号菌苗　可用口服。

7. 无毒炭疽芽孢苗　1 岁以上的牛皮下注射 1 毫升，1 岁以下的 0.5 毫升。

五、注意事项

1. 生物药品的保存、使用应按说明书规定。

2. 接种时用具（注射器、针头）及注射部位应严格消毒。

3. 生物药品不能混合使用，更不能使用过期疫苗。

4. 装过生物药品的空瓶和当天未用完的生物药品，应该焚烧或深埋（至少 80 厘米）处理；焚烧前应撬开瓶塞，用高浓度漂白粉溶液进行冲洗。

5. 疫苗接种后 2～3 周要观察接种牛，如果接种部位出现局部肿胀、体温升高症状，一般可不做处理；如果反应持续时间过长，全身症状明显，应请兽医诊治。

6. 建立免疫接种档案，每接种一次疫苗，都应将其接种日期、疫苗种类、生物药品批号等详细登记。

第三节　几种主要的奶牛疫病

一、口 蹄 疫

口蹄疫是由口蹄疫病毒引起，感染牛、羊、猪等偶蹄动物的一种急性、热性和高度接触性传染病，属于人兽共患传染病。国际动物卫生组织（OIE）把此病列为畜禽疫病 A 类的首位；我国将此病列为动物一类传染病。

口蹄疫病毒具有多型性，易变性等特点，有 7 个毒型，即 A 型、O 型、C 型、南非Ⅰ型、南非Ⅱ型、南非Ⅲ型、亚洲Ⅰ型；65 个以上亚型，各型之间抗原不同，彼此之间抗原不同，彼此之间不能互相免疫。口蹄疫病毒对酸、碱特别敏感。在 pH 3 时，瞬间丧失感染力，pH 5.5 在 1 秒钟内 90% 被灭活；1%～2% 氢氧化钠或 4% 碳酸氢钠液 1 分钟内可将病毒杀死。－70～－50 ℃病毒可存活数年，85 ℃1 分钟即可杀死病毒。牛奶经巴氏消毒（72 ℃15 分钟）能使病毒感染力丧失。在自然条件下，病毒在牛毛上可存活 24 天，在麸皮中能存活 104 天。紫外线可杀死病毒，乙醚、丙酮、氯仿和蛋白酶对病毒无作用。

（一）流行特点

自然感染的动物有黄牛、奶牛、猪、山羊、绵羊、水牛、鹿和骆驼等偶蹄动物；人工感染可使豚鼠、乳兔和乳鼠发病。已被感染的动物能长期带毒和排毒。病毒主要存在于食道、咽部及软腭部。羊带毒 6～9 个月，非洲野牛个体带毒可达 5 年。带毒动物成为传播者，可通过其唾液、乳汁、粪、尿、病畜的毛、皮、肉及内脏散播病毒。被污染的圈舍、场地、草地、水源等为重要的疫源地。病毒可通过接触、饮水和空气传播。鸟类、鼠类、猫、犬和昆虫均可传播此病。各种污染物品如工作服、鞋、饲喂工具、运输车、饲草、饲料、泔水等都可以传播病毒引起发病。

本病流行速度快，2～3 天便可波及全群或邻近地区，猪、羊也能发病，发病率高，成年牛死亡率低，但犊牛死亡率较高，主要传播媒介是污染的空气、饮水、用具、运输工具和草料，鸟类也可以传播。本病冬、春季节发病率较高。随着商品经济的发展，畜及畜产品流通领域的扩大，人类活动频繁，致使口蹄疫的发生次数和疫点数增加，且流行无明显的季节性。

（二）临床症状

此病潜伏期 36 小时至 7 天，达到 21 天潜伏期少见。本病以口腔黏膜水疱为主要特征。体温升高（40～41.5 ℃），精神沉郁，脉搏加快，结膜潮红，反刍次数减弱，奶量减少。口腔黏膜潮红，形成大头针大小的水疱疹，以后形成第一期水疱，随后水疱增大至胡桃大小，水疱逐渐融合，形成较大透明含有液体（浅黄色）的水疱。经1～2天水疱破裂后形成鲜红色糜烂面，以后形成灰白色的溃疡，这些变化在牛的口腔、两颊内侧、齿龈、上颚、唇都可能形成。一般牛舌黏膜也可形成许多水疱，严重者形成"舌套"，用手一捋整个舌黏膜脱落。

乳牛乳头部皮肤（一般无毛部）出现大小不等的水疱，乳中可分离出病毒；奶质量降低，产奶量下降。病牛有继发感染时可发生乳房炎的乳导管卡他性炎症。

当奶牛口腔出现第一期水疱后最典型症状是奶牛口内流出带泡沫白色拉丝状的唾液，常听到牛的"咂嘴声"。

口蹄疫感染常见于奶牛的蹄冠和趾隙。这时出现蹄部局部发热、发红、微肿，病牛行走不便或跛行。同时，在蹄冠与皮肤交接处或趾间形成水疱，水疱破裂后形成覆有栗褐色痂皮的糜烂面。最后形成蹄真皮炎，即旧蹄冠整个脱落或退化（即脱靴症），由新的蹄角质代替。

（三）口蹄疫剖检变化

除口腔、蹄部和乳头的病变外，瘤胃黏膜也有圆形烂斑和溃疡，上覆黑棕色痂块。真胃和小肠黏膜可见出血性炎症，心包膜有点状出血，心内外膜出血。新生犊牛感染口蹄疫常常呈最急性经过，不形成水疱疹，病犊出现高热、极度衰弱，心脏活动受到严重损害，大多因心肌炎造成死亡，剖检可见心肌条纹状坏死（灰白色），形成所谓红白相间的条纹状的"虎斑心"。

（四）诊断方法

1. 临床诊断 在临床症状上，难以区别牛口蹄疫与牛水疱性口炎；因此，临床诊断口蹄疫必须结合流行病学资料，如疫病来源、流行特点、传播速度、患病奶牛不同年龄、不同症状等进行综合分析和鉴别诊断，才能作出初步诊断。根据农业部规定口蹄疫的临床诊断在两名或两名以上有经验的中级兽医师从临床观察到的偶蹄动物口腔、蹄部的典型变化，可以初步诊断为口蹄疫（可疑）。

2. 实验室诊断

（1）反间接血凝试验。新鲜水疱皮或一定量的水疱液可以直接作反向间接血凝试验诊断和定型。

（2）RT—PCR 检测试验。用新鲜水疱皮、水疱液或淋巴、骨髓、肌肉等作 PCR 检测，可以定性但不能定型；也可采集病畜咽喉食道刮取物（OP 液）作测毒试验定性。

（3）可采集病牛或假定健康奶牛血液（病后 20～30 天以后）分离血清做 VIA 琼扩试验。此试验只是定性，判定该奶牛是否感染过，但不能确定是否带毒。

（4）液相阻断酶联免疫吸附试验（LBE）可以测毒诊断，也可以监测免疫抗体。

（5）口蹄疫确诊最终需要做分离病毒鉴定。

（五）鉴别诊断

1. 口蹄疫及水疱性口炎区别

（1）病源。口蹄疫属于微核糖核酸病毒科口蹄疫病毒属，而水疱性口炎属于弹状病毒科水疱性病毒属。

（2）流行病学。口蹄疫主要传染偶蹄兽，病畜是主要传染源，发病初期排毒量最多，毒力强，发病没有季节性。但受气温高低、日光强弱等因素的影响，口蹄疫的暴发流行有周期性，一般一二年或三五年流行一次，传染性强；而水疱性口炎在奇蹄兽、偶蹄兽中都流行。有明显的季节性，多见于夏季及秋初。

2. 口蹄疫与牛恶性卡他热区别　牛恶性卡他热常呈散发；口腔及鼻黏膜有糜烂，但不形成水疱；常见角膜混浊。而口蹄疫则呈流行性或大流行性发生，口腔黏膜形成水疱为主要特征。

（六）防制措施

1. 制订科学的防疫制度，并严格执行　奶牛养殖场、小区和专业户的建场环境及饲养过程都必须遵循一系列的防疫要求，重点是防止口蹄疫传入。比如，建场要远离公路、人口密集区和其他养殖场（户）等；场内谢绝参观、场门口设消毒设施；畜舍和运动场要经常清扫和消毒等。进出场（户）的人员更衣，防鼠及昆虫等。

2. 免疫 目前，我国生物药品生产有牛羊 O 型、亚洲 I 型两价灭活苗。免疫是防制口蹄疫的一项最重要手段，要求按规定剂量注射，免疫密度达 100％，且形成成熟的免疫程序。

种用奶牛或成年奶牛每隔 3.5～4 个月免疫一次，每次肌内注射 2 毫升/头。新生犊牛 2 月龄进行首免，肌内注射 1 毫升/头；二免间隔 1 个月左右加强免疫一次。肌内注射 2 毫升/头，以后每间隔 3.5～4 个月免疫一次。

3. 实行"自我封闭"措施 主要是要在疫情流行时期，各养殖场采取严格的防疫和消毒制度，自我封闭，防止由于人流和物流的频繁流动造成疫情传入。

4. 严格消毒制度 奶牛圈舍每周消毒 1～2 次，消毒液可选用 0.3％过氧乙酸，0.5％次氯化钠，环境每周消毒一次，可选用 2％火碱；挤奶前用 0.1％高锰酸钾擦拭奶牛乳房。

二、牛结核病

牛结核病是由结核杆菌引起的人兽共患的慢性传染病，其特征是渐进性消瘦，在组织器官上形成结核结节和干酪样坏死或钙化的结核病灶。也是目前牛群中最常见的慢性传染病。结核分支杆菌主要有牛型、人型和禽型 3 种。人型结核杆菌为直或微弯的细长杆菌，多为棒状，有时呈分支状。牛结核杆菌比人型结核杆菌短粗，禽型结核杆菌短而小为多形性。本菌不产生芽孢和荚膜，不能运动，为革兰氏阳性菌，常用 ziehl＿Neelsen 氏抗酸染色法。在外界环境中生存力较强，在水中可存活 5 个月，在土壤中存活 7 个月，但不耐热，60 ℃30 分钟即死亡，常用消毒药约

4 小时方可杀死，而在 70％酒精和 10％漂白粉中很快死亡，碘化物消毒效果更佳，但无机酸、有机酸、碱性和季铵盐类等对结核杆菌无效。

（一）流行特点

几乎所有的畜禽都可以发生结核病，奶牛的易感性最高，结核杆菌随鼻汁、痰液、粪便和乳汁等排出体外，污染饲料、饮水、空气等。成年牛多因与病牛、病人直接接触而感染，犊牛多因喂了病牛奶而感染。厩舍拥挤、卫生不良、营养不足可诱发本病。

（二）临床症状

本病潜伏期为 16～45 天，有的更长。牛患结核病后，患病器官不同其症状也不相同，其共同症状为全身消瘦、贫血。

1. 肺结核　肺结核较为多见，病初有短促干咳，渐变为湿性咳嗽，在早晨、运动及饮水后特别明显，有时鼻流淡黄色黏脓液。精神不振，食欲不好，被毛失去光泽。听诊肺区有啰音，叩诊有实音区，并有疼痛感及其引起的咳嗽。体温一般正常和稍升高。病情严重者可见呼吸困难。

2. 乳房结核　表现乳房上淋巴结肿大，乳房上有局限性或弥漫性硬结，不热不痛，表面高低不平，泌乳量逐渐减少，乳汁稀薄。严重时乳腺萎缩，泌乳停止。

3. 肠结核　多见于犊牛，可出现消化不良、顽固性腹泻、粪便中混有黏液和脓汁。

4. 生殖器官结核　可见性机能紊乱，母牛性欲增强，频频发情，但不受孕，孕牛流产，公畜附睾及睾丸肿大，无热痛。

5. 脑结核　表现为神经症状。

（三）病理变化

结核病的典型病变是在相应的组织器官，特别是肺形成特异的结节。结节由小米粒大至鸡蛋大，灰白色或黄白色，坚实，切面呈干酪样（豆腐渣样）坏死或钙化。有时形成肺空洞。在胸膜和腹膜上形成结核结节时，结核结节形如珍珠系在浆膜表面，故浆膜结核又称珍珠病。肠和气管黏膜结核多形成溃疡。乳房结核表现为干酪样坏死。

在上述诊断的基础上，可用变态反应进行确认，变态反应可分为皮内注射和点眼两种方法，根据判定标准和临床症状进行诊断。

结核菌素试验：诊断牛结核用牛型结核菌素。如果注射局部肿胀面积达 35 毫米×45 毫米以上或注射前后的皮厚差在 8 毫米以上，或者点眼后出现脓性眼眵，均判为结核菌素阳性反应。

（四）鉴别诊断

牛肺结核与慢性牛肺疫都有短咳和消瘦等症状，两病容易混淆，但慢性牛肺疫对结核菌素试验呈阴性反应，肺断面无结核结节，而呈大理石病变。牛肠结核与牛副结核、慢性牛黏膜病，牛淋巴结结核与地方流行型牛白血病症状相似，也应注意鉴别。

（五）防治措施

1. 预防

（1）对牛群用结核菌素每年至少进行两次检疫，补充牛时，应就地严格检疫。发现病牛时，应立即对全牛群进行检疫。

（2）对于患严重开放性结核病的病牛应立即扑杀，内脏销毁或深埋。

（3）对仅结核菌素呈阳性反应的牛，如数量少，以淘汰为宜；如数量大，可集中隔离于较远的地方，用以培育健康牛犊。方法是犊牛产出后，全身用 2%～5% 来苏儿消毒，立即与母牛分离，前 5 天喂给亲生母牛的初乳（人工挤奶），以后喂其他健康母牛的奶或消过毒的牛奶；20～30 日龄、100～120 日龄和180 日龄时连续 3 次检疫，结核菌素均为阴性反应的犊牛，可混入健康牛群饲养，呈阳性反应的犊牛，立即淘汰。

（4）隔离牛场应经常消毒，消毒药可用 20% 石灰乳或 5% 来苏儿或 5%～10% 热碱水或 20% 漂白粉。粪便堆积发酵，尸体妥善处理。

2. 治疗 病初及症状轻的每天用异烟肼 3～4 克，分三四次混入精饲料中饲喂，3 个月为一个疗程。症状严重者可口服异烟肼，每天 1～2 克，同时肌内注射链霉素，每次 3～5 克，隔天一次。

三、布鲁氏菌病

牛布鲁氏菌病是由布鲁氏菌引起的人兽共患的慢性传染病。主要危害生殖系统和关节。以母牛发生流产和不孕，公牛发生睾丸炎和不育为特征。对人体健康危害也比较大。

布鲁氏菌为细小的短杆状或球状菌，无鞭毛，不形成芽孢，大多数情况下不形成荚膜，革兰氏染色阴性。本菌的抵抗力较强，在土壤中能存活 20～120 天，在水中能存活 70～100 天，在衣服、皮毛上能存活 150 天；但对温热的抵抗力较弱，巴氏灭菌法 10～15 分钟、煮沸后立即死亡。常用浓度的消毒药能很快将其杀死。

（一）流行特点

牛对本病的易感性，随着性器官的成熟而增强。牛犊有一定的抵抗力。病菌随病母牛的阴道分泌物、乳汁和病公牛的精液排出，特别是流产的胎儿、胎盘和羊水含有大量的病菌，易感牛采食了污染的饲料、饮水，接触了污染的用具或者与病牛交配，或者与感染布鲁氏菌病的人接触就容易感染。新发病牛群，流产可发生于不同的胎次；常发牛群，流产多发生在初次妊娠牛。

（二）临床症状

患牛多为隐性感染。妊娠母牛最主要症状是流产，多发生于怀孕后 6～8 个月。流产前 2～3 天出现分娩征兆，阴道和阴唇潮红、肿胀，从阴道流出淡红色透明无臭的分泌物；流产后常伴有胎衣不下或子宫内膜炎，2～3 周后恢复，有的病愈后长期排菌，可成为再次流产的原因，有的经久不愈、屡配不孕而被淘汰。流产多为死胎，偶有活体，但体质羸弱，不久死亡。一般只发生一次流产，第 2 胎多正常。有的发生乳房炎、乳房肿大，乳汁呈初乳性质，乳量减少。有的膝关节或腕关节发炎，关节肿痛，跛行或卧床不起。公牛发生睾丸炎和附睾炎，睾丸肿大，触之疼痛。

（三）病理变化

胎膜水肿，覆盖有脓性分泌物。胎盘有些地方或全部呈苍黄色或盖有灰白色或黄绿色纤维蛋白或脓性物。流产胎儿的脾、肝、淋巴结呈现程度不等的肿胀，甚至有时其中散布着炎性坏死小病灶。胃、肠和膀胱黏膜有小出血点。胃内有黄白色黏液性絮状物。

（四）防治措施

1. 预防措施

（1）奶牛布鲁氏菌病必须严格按照国家的有关规定和标准进行预防，应每年检查 1～2 次，坚决淘汰阳性牛，彻底根除病源，彻底消毒传染场地，是消灭传染源，控制奶牛布鲁氏菌病流行蔓延，最终消灭奶牛布鲁氏菌病最有效的技术手段。

（2）引进奶牛必须检疫，引入后还须进行隔离观察，确定无病方可与健康牛合群。

（3）发现病牛应立即将其隔离，污染的畜舍、用具用 2‰～3‰来苏儿、石炭酸、氢氧化钠溶液或 10%石灰乳液消毒，粪便堆积发酵处理。流产的胎儿、胎衣、羊水要深坑掩埋。

（4）有病的牛群，每季度应用凝集反应检疫一次，及时隔离阳性病畜，直至全群连续两次以上血检都为阴性为止。

（5）在常发病地区，可分别在 5～8 月龄、第 1 次配种前免疫两次。接种过菌苗的牛，不再进行检疫。

（6）人也可感染本病，呈波状热症状，因此在与病牛接触时要做好保护工作，严防感染，同时要注意培育无病幼畜及健康牛群。

2. 治疗措施 病公牛无治疗价值，母牛流产后继发子宫内膜炎或胎衣不下时可参照产科病胎衣不下的治疗方法处理。

四、炭　疽　病

牛炭疽病是由炭疽杆菌引起的人兽共患的一种急性、热性和败血性传染病。常发生在夏秋两季，一般呈散发性或地方流行性。炭疽杆菌为革兰氏阳性大杆菌，濒死病畜的血液中常有大量细菌存在，成单个或成对，两端平截呈竹节状，能形成荚膜，培养物中的菌体粗大，多呈长链排列，不形成荚膜。本菌在未解剖的尸体内不形成芽孢，抵抗力较弱，但在空气中能形成芽孢，芽孢的抵抗力很强，在干燥环境下能存活多年，在高压蒸汽下（120℃），要10分钟才能杀死。

传染途径主要是消化道，在自然条件下，土壤、饲料、饮水等被污染，常因采食而得病。吸血昆虫可作为机械传播媒介。

（一）流行特点

各种家畜和人都有不同程度的易感性，常呈地方性流行或散发，且以炎热的夏季多发。

（二）临床症状

1. 最急性型　多见于流行初期，牛突然发病，体温在40.5℃以上，行走不稳或突然倒地，全身战栗，呼吸困难，天然孔常流出煤焦油样血液，常于数小时内死亡。

2. 急性型　体温升高达42℃，呼吸和心跳次数增多，反刍停止，瘤胃膨胀，孕牛流产。有的兴奋不安、惊叫，口鼻流血，继而精神沉郁，肌肉震颤，可视黏膜蓝紫，后期体温下降，窒息死亡，病程1～3天。

3. 亚急性型　症状类似急性型，但病情较轻，病程较长，常在颈、胸、腰、乳房、外阴、腹下等部皮肤发生水肿，直肠及口腔黏膜发生炭疽痈。

4. 特征变化是血液凝固不良，天然孔出血，尸僵不全，脾明显肿大，皮下和浆膜下组织出血性胶样浸润。

（三）病理变化

尸体尸僵不全，瘤胃膨气，肛门突出，天然孔有血样泡沫流出，黏膜发紫并有出血点。皮下、肌肉及浆膜有绿色或黄色胶样浸润。血液黑红色，不易凝固，黏稠如煤焦油状。脾显著肿大，有时可达正常的 3～4 倍，暗红色松软如果酱状。淋巴结出血肿胀。

（四）防治措施

1. 预防

（1）经常发生炭疽及受威胁地区的牛每年应进行一次无毒炭疽芽孢苗预防注射。成牛皮下注射 1 毫升，1 岁以下小牛注射 0.5 毫升。

（2）发生本病后，要立即上报，对疫区进行封锁隔离，疫区要严格消毒，严防人被感染。确诊为炭疽后用棉花或破布塞住死畜的口、鼻、肛门、阴门等天然孔，然后于偏僻地方将炭疽牛尸体焚烧或深埋 2 米以下。

（3）畜舍、场地、用具等用 10% 热烧碱溶液或 20% 漂白粉，或 0.2% 升汞消毒。畜舍以 1 小时间隔共消毒 3 次。病畜吃剩的草料和排泄物，要深埋或焚烧。

（4）严格隔离和治疗病畜或接触过死畜的家畜。

2. 治疗

（1）青霉素 800 万单位肌内注射，每天 3 次，连用 3 天。

（2）抗炭疽血清，成牛用 100～300 毫升，犊牛 30～60 毫升，皮下注射或静脉注射。

（3）肿胀周围分点行皮下注射或肌内注射 1%～2% 高锰酸钾溶液或 3% 双氧水或 3% 石炭酸溶液；或用 0.25%～0.5% 普鲁卡因溶液 10～20 毫升溶解 80 万～120 万单位青霉素，于肿胀部周围分点注射，肿胀不应切开或刺破。

（4）应根据病情进行强心、解毒、补液等对症疗法。

五、放线菌病

该病是牛的一种慢性化脓性肉芽肿性传染病。病的特征是在面部、下颌骨组织等部位形成坚硬的放线菌肿。主要是牛放线杆菌和林氏放线杆菌。牛放线杆菌主要侵害骨骼等硬组织，是一种不运动、不形成芽孢的杆菌；病灶的脓汁中形成直径 $2\sim5$ 毫米的黄色或黄褐色的颗粒状物质，外观似硫黄颗粒；制片经革兰氏染色后，其中心菌体呈紫色，周围辐射状菌丝呈红色；其抵抗力不强，易被普通浓度的消毒剂杀死，但这种颗粒状物质干燥后对阳光的抵抗力很强，在自然界中能长期生存。林氏放线杆菌主要侵害皮肤和软组织，是一种不运动、不形成芽孢的荚膜的细小多形态杆菌；在病灶中形成直径不到 1 毫米的灰色颗粒状的菌芝，无显著的辐射状菌丝，革兰氏染色后，中心和周围均呈红色。

（一）流行特点

主要侵害 $2\sim5$ 岁的牛，病原存在于污染的土壤、饲料、饮水中，并寄生于动物口腔和上呼吸道中。通过损伤的皮肤和口腔黏膜感染。一般散发。

（二）临床症状

常见上下颌骨肿大，界限明显，极为坚硬，肿部初期疼痛，晚期无疼痛感。侵害软组织时，多见于颌下、头颈等部，侵害舌肌时，舌组织肿胀变硬，触压如木版，故称木舌病。病牛流涎、咀嚼、吞咽、呼吸困难。乳房患病时，呈现弥漫性肿大或有局灶性硬结，乳汁里混有脓汁，骨组织侵害严重时，骨质疏松，骨表面高低不平。

（三）剖检病理变化

剖检可见颌下、淋巴结以及喉、食道、瘤胃、真胃、肝、肺等处脓肿。

（四）防治措施

1. 预防

（1）避免用带刺粗糙的饲草饲喂，以减少对牛黏膜及皮肤的损伤，有外伤时要及时处理伤口。

（2）发现病牛应及时隔离，清除被污染的草料，污染的用具可煮沸或用 0.1％升汞消毒。

2. 治疗

（1）切开皮肤，切除肿块，清除脓汁或肉芽组织，用 5％碘酒浸纱布塞入创口，隔一两天更换一次，肿胀部可用 2％卢戈氏液分点注射。颌骨硬肿，可用手术器械将肿块凿开，排出脓液，配合碘剂治疗。

（2）内服碘化钾，成年牛 5～10 克，犊牛 2～4 克，每天 1 次，连用 2～4 周，重者可静脉注射 10％碘化钠，每次 50～100 毫升，隔天一次，连用 3～5 次，如出现中毒现象应停药。

（3）用青链霉素于患部周围做封闭注射，每天 1 次，连用 5 天。

六、破 伤 风

破伤风病又称强直症、锁口风和脐带风，是由破伤风梭菌经创伤感染后引起的一种人兽共患的中毒性传染病。其特征是局部或全身肌肉强直性痉挛，对外界刺激反射兴奋性增高。破伤风梭菌，为革兰氏阳性细长杆菌，有周身鞭毛，能运动，无荚膜，能形成芽孢。芽孢位于菌体一端，呈鼓槌状。本菌繁殖体对干燥、光线、热和化学消毒剂非常敏感，但芽孢体抵抗力很强，在土壤中可存活几十年，耐煮沸 1～3 小时，但高压 120 ℃10 分钟死亡，10％碘酊、10％漂白粉及 30％双氧水等约经 10 分钟可将其杀死。

（一）流行特点

所有品种、性别和年龄的牛均可感染，但 3 岁以下的牛比老年牛更易感，破伤风梭菌广泛存在于土壤和草食兽的粪便中，当牛发生创口狭小的外伤时，病菌被带入而致病。常表现为零星散发。

（二）临床症状

潜伏期 1～2 周，牛发病时两眼呆视、全身发抖、牙关紧闭、流涎、头颈伸直、腹肌紧缩、耳竖尾直、四肢僵硬、形如木马；严重时运动困难，关节不能弯曲。瞬膜突出，反刍、嗳气停止，瘤胃臌气，受到声响、强光刺激时症状加重，病死率较低。

（三）诊断方法

据典型的临床表现即可怀疑该病。病牛一般神志清醒，敏感，肌肉强直，体温正常，多有创伤史。查到创伤病灶并分离出该病病原时可以确诊。

（四）防治措施

1. 创伤处理　首先应找出创伤病灶，进行清创、扩创。并用3‰的双氧水彻底消毒，配合青、链霉素做创周注射，以消除感染灶，防止毒素继续产生。

2. 药物治疗

特异性疗法：早期使用破伤风抗毒素100万单位，配合抗菌药消除继发感染。

对症治疗：缓解酸中毒，补充电解质，调节消化系统功能，解痉镇静，强心利尿。

中药疗法：可用加减千金方、防风散和五虎追风散等。

3. 加强护理　将病畜置于光线较暗、干燥、清洁、安静的厩舍中，冬季应注意防寒。投给易消化的饲料和饮水，防止跌倒。

4. 预防　最有效的办法是每年给牛接种一次破伤风类毒素。一律皮下注射，2毫升。断脐、阉割或有外伤时，应立即用碘酊严格消毒，有条件者，可同时肌内注射破伤风抗毒素1万～3万单位。

七、牛巴氏杆菌病

牛的巴氏杆菌病又名出血性败血症，是由牛巴氏杆菌引起的一种急性传染病，其特征是高热、肺炎和内脏广泛出血，其病原体为多杀性巴氏杆菌，它对外界的抵抗力不强，干燥后 2～3 天死亡，在血液和粪便中能存活 10 天，在腐败的尸体中能生存1～3 个月。在直射日光和高温下立即死亡。10％火碱及 2％来苏儿在短时间内能将其杀死。

本病病原是多杀性巴氏杆菌。该菌为两端钝圆、中央微凸的革兰氏阴性短杆菌，不产生芽孢，不运动，能形成荚膜，病料组织或体液涂片用瑞氏、姬姆萨氏或亚甲蓝染色镜检，呈两极浓染。本菌对物理和化学因素的抵抗力较弱，在干燥空气中 2～3 天死亡，在血液、排泄物和分泌物中能生存 6～10 天，直射阳光下数分钟死亡，普通的消毒剂常用浓度对本菌都具有良好的消毒力。但克辽林对本菌的杀灭力很差。

(一)流行特点

畜群中发生巴氏杆菌病时，往往查不出传染源，巴氏杆菌是家畜的常在菌，平时就存在于家畜体内，如呼吸道内。由于寒冷、闷热、气候剧变、潮湿、拥挤、圈舍通风不良、营养缺乏、饲料突变、长途运输、寄生虫病等诱因，导致家畜抵抗力降低，病菌可乘机经淋巴进入血液发生内源感染。由病畜排泄物排出病菌污染饲草、饮水用具和外界环境，经消化道传染给健畜，或经咳嗽、喷嚏排出的病菌通过飞沫经呼吸道传染，吸血昆虫的叮咬和皮肤伤口也可传染。本病无明显季节性，但季节交替、气候剧变、闷热、潮湿、多雨时较多发，一般为散发，有时可呈地方性流行。

(二)临床症状

潜伏期 2～5 天，根据临床表现可分为败血型、水肿型和肺炎型。

1. 败血型　多见于犊牛，病牛体温突然升高，达 41～42℃，精神沉郁、脉搏加快，结膜潮红，被毛粗乱，食欲废绝，反刍停止，肌肉震颤，呼吸困难，有时咳嗽，鼻镜干燥，有浆液性或黏液性带血样泡沫的鼻液。随之出现全身症状，稍轻时，病牛表现为腹痛、开始下痢，粪便初为粥样，后呈流体状，其中混有黏液、黏膜碎片及血液，恶臭，有时尿中有血。腹泻开始后体温下降，迅速死亡。病期多为12～24小时。

2. 水肿型　除表现全身症状外，在颈部、咽喉部及胸前部皮下出现迅速扩展的炎性水肿，同时伴有舌及周围组织的高度肿胀，舌伸出齿外，呈暗红色，患畜呼吸高度困难，皮肤和黏膜普遍发绀，也有下痢和某一肢体发生肿胀者，往往窒息而死。病期多为12～36小时。

3. 肺炎型　除体温升高及一般全身症状外，主要表现肺炎症状，病牛呼吸困难，鼻孔流出无色或红色浆液性、黏液性或脓性鼻液；咳嗽，初为干性痛咳，后变湿咳；胸部听诊时肺泡呼吸音消失，出现支气管呼吸音及啰音，有时可听到胸膜摩擦音，胸部叩诊时出现浊音区，并有痛感；严重时，呼吸高度困难，头颈前伸，张口伸舌喘气，可视黏膜发绀。病牛常迅速死于窒息，病程多在3天以内，也有1周以上的。

（三）病理变化

1. 肺炎型　剖检变化主要呈现纤维素性胸膜肺炎，胸腔内有大量浆液性纤维性渗出液，肺与胸膜、心包粘连。肺组织主要呈红色肝变，偶然夹有灰白色和灰黄色肝变，小叶间质水肿、增宽、淋巴管扩张。发生腹泻的病牛胃肠黏膜严重出血。

2. 急性败血型　剖检时往往没有特征性变化，只见黏膜和内脏表面有广泛状出血。上颌淋巴结有水肿、出血。

3. 水肿型　死后可见肿胀部位呈现出血性胶样浸润，同时还可见到肺部及胃肠道病变。

（四）防治措施

1. 预防　平时要加强清洁卫生工作，消除发病诱因，提高动物的抵抗力，对病牛和疑似病牛，要严格隔离，对污染的场地、厩舍、用具要用5%漂白粉或10%石灰乳液消毒。在发生本病的地区，每年要注射牛出血性败血症氢氧化铝苗1次，体重

200千克以上的牛6毫升，小牛4毫升，皮下注射或肌肉注射。

2. 治疗 对急性病牛，要将大剂量四环素（每千克体重50～100毫克）溶于葡萄糖生理盐水中，制成0.5%的溶液静脉注射，每天2次。也可以用其他抗生素药物，如配合使用出败多价血清，效果更好，大牛60～100毫升，小牛30～50毫升，一次注入。

八、牛流行热

牛流行热又称三日热或暂时热，是由牛流行热病毒引起的一种急性、热性传染病，主要症状为高热、流泪、泡沫样流涎、鼻漏、呼吸促迫、后躯不灵活。

牛流行热病毒属弹状病毒，像子弹或呈锥形。

（一）流行特点

本病的发生有明显的季节性，主要于蚊蝇多的季节流行，北方于8～10月，南方可提前发生，多雨、潮湿容易流行本病。

本病的传染源为病牛。病牛的高热期血液中含有病毒，人工静脉接种易感牛能发病。自然条件下传播媒介可能为吸血昆虫，因其流行季节为很严格的吸血昆虫盛行时期，吸血昆虫消失流行即告终止。这种具有特征性的流行方式，很可能与吸血昆虫有关。

（二）临床症状

潜伏期3～7天。本病特征是突然高烧41～42℃，连续1～3天。同时呼吸急促（50～70次/分钟，有时可达100次/分钟以上），精神沉郁，食欲减退，全身战栗、流涎、流泪、畏光、眼结膜充血、眼睑水肿、发出哼哼声；反刍停止，待体温下降到正常后再逐渐恢复。病牛不喜活动，站立不动，强使行走，步态不稳，尤其是后肢抬不起来，常擦地而行。病牛喜卧，甚至卧地不能起立，四肢关节可有轻度肿胀与疼痛，以致跛行。孕牛可发生流产、死胎、泌乳量减少以至停止。尿液呈暗褐色、混浊。多数病牛能耐过，取良性经过，病程 3～4 天，病死率一般不超过 1%。

（三）病理变化

急性死亡的自然病例，可见有明显的肺间质气肿，肺高度膨胀，间质增宽，内有气泡，压迫呈捻发音。有些病例可见肺充血与肺水肿；肺肿胀，间质增宽，有胶冻样浸润，切面流出大量暗紫红色液体，气管内有多量泡沫状黏液。淋巴结充血、肿胀和出血。真胃、小肠和盲肠呈卡他性炎症和渗出性出血。

（四）诊断要点

本病呈群发，季节性明显，传播速度快，发病率高，死亡率低。结合病牛临床上的表现特点，较易作出诊断。要通过分离病原体来确诊。

（五）防治措施

1. 治疗　对症治疗，高热时，可肌内注射复方氨基比林 20～40 毫升，或用 30% 安乃近 20～40 毫升一次肌内注射，或用 10% 水杨酸钠注射液 100 毫升一次静注。

对重症病牛，同时给予大剂量抗生素，防止其他感染，静脉内补液、强心、解毒，常用青霉素（200 万～400 万单位/次），链霉素（1～2 克/次）、葡萄糖生理盐水（适量）、林格氏液（1 000～3 000 毫升/次）、安钠加（2～4 克/次）、维生素 B_1（100～500 毫克/次）和维生素 C（2～4 克/次）等药物，每天 2 次。

严重缺氧时，可用氧气吸入或皮下注射急救，用 3% 双氧水 1 份、林格氏液 3 份混合液 1 000～1 500 毫升，一次静注，速度缓慢。

卧地不起，体质衰弱的重症病牛，可肌内注射三磷酸腺苷 200 毫克，每天 1 次。

2. 预防　目前本病主要采用综合的防治措施，发生疫情后，及时隔离病牛，并进行严格的封锁和消毒，消灭吸血昆虫，对病牛进行积极治疗。同时，要加强对牛群的饲养管理，精心护理，防止贼风的侵袭等，提高机体的抵抗力，以达到有效控制疫情的目的。

九、牛病毒性腹泻

牛病毒性腹泻是由牛病毒性腹泻——黏膜病病毒引起的一种急性、热性传染病。其主要特征为传染迅速、突然发病、体温升高、发生糜烂性口炎、胃肠炎、不食和腹泻。

牛病毒性腹泻病毒，又名黏膜病病毒，属黄病毒科瘟病毒属，为一种单股 RNA 有囊膜的病毒，大小为 35～55 纳米，呈圆形。本病毒对乙醚、氯仿、胰酶等敏感，pH 3 以下易被破坏，50 ℃氯化镁中不稳定，56 ℃很快灭活，在低温下很稳定。

（一）流行特点

不同品种、性别、年龄的牛都易感染，但以 6～18 个月的小牛症状最重。患病动物和带毒动物是主要传染源。主要通过消化道和呼吸道感染，也可通过胎盘感染。多发生于冬春季节，在新疫区可呈全群暴发，在老疫区多为隐性感染，只有少数轻型病例。

（二）临床症状

本病潜伏期 7～14 天，人工感染 2～3 天。在临床上分为急性、慢性经过。

1. 急性型 常见于幼犊，病死率高。病牛主要表现为突然发病，体温升高到 40～42 ℃，持续 2～3 天。病牛表现精神沉郁，厌食，呼吸加快，心悸亢进，鼻腔流出浆液性乃至黏液性液体、眼结膜炎、鼻镜及口腔黏膜表面糜烂，口腔、唇、齿龈和舌潮红，肿胀，糜烂，从口角流出黏性线状唾液。通常在口内病变 7～9 天以后，常发生严重腹泻，开始水泻，以后混有黏液和血液，以致很快死亡。有些病例在蹄冠和蹄叉部位黏膜有糜烂，而导致跛行，一般此症状多见于肉牛。重症时孕牛发生流产，乳房形成溃疡，产奶量减少或停止。病母牛所产的犊牛发生下痢，在口腔、皮肤、肺和脑有坏死灶，体温升高的同时白细胞减少。

2. 慢性型　病例临床症状不明显或逐渐发病，生长发育受阻，消瘦，体重逐渐下降。比较特殊的症状是鼻镜上的糜烂，这种糜烂可在鼻镜上连成一片。眼常有浆液分泌物。口腔内很少有溃疡，但门齿齿龈通常发红。此外，蹄叶炎及趾间皮肤糜烂、坏死，可引起明显的跛行，鬐甲、颈部及耳后的皮肤皲裂出现局部性脱毛和皮肤角质化，呈皮屑状。病程较长，大多数病牛死于2～6个月内，有的也可拖延到1年以上。

（三）病理剖检变化

主要是消化道和淋巴组织。鼻镜、鼻孔黏膜、齿龈、上腭、舌面两侧、颊部黏膜和咽部黏膜有糜烂及浅溃疡。消化道黏膜充血、出血、水肿、糜烂。特征性损害是食道黏膜有大小不等与直线排列的糜烂灶，胃黏膜水肿、糜烂。整个消化道淋巴结可能发生水肿。

（四）诊断方法

一般根据临床症状和病理变化可作出初步诊断，如口腔齿龈糜烂、食道病变，腹泻、血便致使病牛很快死亡。但最后必须通过分离病毒确诊。

（五）防治措施

1. 平时加强检疫，引进种牛时必须进行血清学检查，以防引进带毒牛，一旦发生本病，病牛应及时隔离或急宰，严格消毒，限制牛群活动，以防扩大传染。必要时可用弱毒疫苗或灭活疫苗预防和控制本病。

2. 本病目前尚无有效疗法，对于发病的牛，为了增强其抵抗力，防止继发感染，应投予营养剂和抗生素类药物。为了缓和其因下痢引起的脱水症状要进行补液。

十、恶性卡他性热

恶性卡他性热是由恶性卡他性热病毒引起牛的一种急性、热性、高度致死性传染病。其特征为发热、眼、口、鼻黏膜发炎，角膜混浊，并伴有脑炎症状。

（一）流行特点

各种牛均易感染，但以 2 岁左右的小牛最易感。绵羊与鹿呈隐性感染，牛发病都与接触绵羊有关，传播途径多为呼吸道，也可经吸血昆虫传播。全年都能发病，以冬季、早春和秋季较多。病死率很高，小牛可达 100%。

（二）临床症状

病牛体温升高达 40～42 ℃，精神沉郁，1～2 天后，眼、口及鼻黏膜发生病变，分为头眼型、肠型、皮肤型和混合型 4 种。

头眼型：眼结膜发炎，羞明流泪，以后角膜发生混浊，眼球萎缩，有时出现溃疡并失明。鼻腔、喉头、气管、支气管发生卡他性及假膜性炎症，流鼻汁，鼻镜及鼻黏膜糜烂、结痂。角窦发炎，角根发热，严重者两角脱落。口腔黏膜潮红、肿胀，呈现灰白色大小不等的丘疹或糜烂，病牛流涎，病程 5～21 天，致死率高。

肠型：食欲减退，先便秘后下痢，下痢带血液、恶臭。

皮肤型：在颈部、肩胛部、背部、乳房、阴囊等处的皮肤上呈现大小不等、扁平状丘疹，丘疹结痂后脱落。

混合型：此型最为多见。病牛同时有头眼型症状、肠炎症状及皮肤丘疹等。有的牛呈现脑炎症状。一般经 5～14 天死亡，致死率达 60%。

（三）病理变化

喉、气管、食道、真胃和小肠等部位的黏膜充血、水肿、糜烂或溃疡。肝、肾、脾肿胀、变性。心包及心外膜小点出血，心肌变性。全身淋巴结充血、出血及水肿。

（四）预防和治疗措施

1. 预防　牛群分开饲养，分群放牧。发病后，病牛隔离治疗，污染场所及用具严格消毒。

2. 治疗

（1）皮下注射 0.1％肾上腺素 10 毫升，同时静脉注射 10％ 氧化钙液 200～300 毫升。

（2）口服水杨酸钠，每 100 千克体重 30～60 克，分 6 次内服，每天 3 次。

（3）肌内注射青霉素 200 万单位、链霉素 200 万单位，每天 2 次。

（4）静脉注射 10％磺胺嘧啶钠 150～200 毫升，每天 1 次。

十一、钱　　癣

钱癣又称脱毛癣、秃毛癣、匐行疹或皮肤霉菌病，是一种接触性皮肤真菌性传染病。其特征是在皮肤上出现被毛脱落和界限明显、表面覆盖有皮屑的发痒癣斑。

（一）流行特点

冬季舍饲的牛较易发生，幼龄牛比成年牛易感。通常通过与病牛的直接接触，或通过污染工具间接接触，经皮肤传染给健康牛。潮湿、污秽、阴暗的牛舍有利于本病传播。

（二）临床症状

潜伏期 2～4 周，常在头、颈、肛门等处出现癣斑。初期仅呈豌豆大小的结节，逐渐向四周呈环状蔓延，呈现界限明显的秃毛圆斑，如古钱币。癣斑上被覆盖灰白色或黄色鳞屑，有时保留一些残毛。患牛痛痒不安，犊牛的病变局限于面部，常呈水疱型，痂皮很厚。

（三）病理变化

病灶真皮和表皮呈现慢性炎症。角质层上皮细胞增厚，呈现角化不全。在皮肤表面因细胞积聚形成乳头状突起。在皮肤角质层和毛囊之间可发现丝状菌丝。有些毛囊由孢子包围着毛囊鞘并使其损伤。在真皮和表皮中可发现小的脓肿。在真皮感染的毛囊周围可见有淋巴细胞、单核巨噬细胞和中性白细胞集聚。

(四) 诊断方法

本病必须通过病原学诊断,对病原真菌进行直接镜检和分离培养。

直接镜检:取病灶鳞屑、被毛或痂片,混于 $10\% \sim 20\%$ 氢氧化钠溶液中,放置 15 分钟以上,稍稍加温使角质溶解,镜检。可见到垣状或镶嵌状排列的球状节孢子。

分离培养:将采集的被毛、痂皮等病料,用生理盐水或 0.01% 次氯酸钠溶液冲洗,用灭菌纸吸干后,接种在萨布罗葡萄糖琼脂或麦芽糖琼脂培养基上,同时加 1% 酵母、肌醇 100 微克/毫升和氯霉素 0.125 毫克/毫升。$30 \sim 35\ ℃$ 培养。经 $10 \sim 14$ 天后,菌落表面呈皱褶状,初呈天鹅绒状或蜡样光泽,后呈粉状或呈白色、黄色棉絮状。菌丝出现大量的小分生孢子,呈梨形或卵圆形、葡萄球样;大分生孢子呈纺锤形,细长似鼠尾,用隔壁分成 $3 \sim 5$ 个室。

(五) 防治措施

1. 发病初期的病牛应早隔离、早治疗,避免与健康动物接触。

2. 应加强对污染的畜舍、饲槽、用具等物的消毒。可用 10% 福尔马林溶液或 $5\% \sim 10\%$ 漂白粉溶液喷洒消毒。

3. 治疗时,病初可用灰黄霉素或克霉唑软膏涂擦,直到痊愈为止。对于重症病例,内外兼治。首先用温热肥皂水洗净,然后涂擦灰黄霉素软膏;再内服灰黄霉素片剂,每天 0.5 克/头,连用 7 天。

4. 先用 3% 的来苏儿洗痂壳,再用锯条刮掉痂皮,直至刮出血为止。然后涂上 10% 碘酊,最后涂以硫黄软膏。也可取硫酸铜粉 1 份、凡士林软膏 3 份,混合均匀制成软膏,在病变部位涂以该软膏,治愈率可达 100%。

(六) 鉴别皮肤疣、疥癣和牛钱癣病

1. **皮肤疣** 该病出现乳头状瘤,形状从肉柱或毛状的小结

节发展到菜花状，表面呈鳞状或棘状，多半从表皮生出茎。非典型应做病理学检查。

2. 疥癣 疥癣的痂皮有一定的渗出物，刮取病料镜检，可检到呈龟形、背面隆起、腹面扁平、浅黄色的虫体。

3. 牛钱癣病 以被皮呈圆形脱毛、渗液和痂皮等病变为特征。

十二、牛 冬 痢

牛冬痢又称黑痢，是由空肠弯杆菌引起的秋冬季节发生的一种急性肠道传染病。以排棕色稀便和出血性下痢为特征。

（一）流行特点

大小牛均可感染，但成牛病情严重。病牛和带菌牛是传染源，通过采食病菌污染的饲料、饮水传播。气候恶劣、管理不当可诱发本病。本病易在冬季舍饲中流行。一旦暴发，发病率很高，但几乎无死亡。常在一定地区内发生。

（二）临床症状

潜伏期3天。突然发病，一夜之间可使牛群20%的牛发生腹泻，2～3天波及80%～90%的牛。病牛排出腥臭的水样棕色稀便，混有血液，有的粪便几乎全是血液和血凝块。体温、脉搏、呼吸正常，食欲一般正常。病情严重时，表现精神委顿、食欲不振、背弓起、毛逆立、寒战、虚弱、不能站立。病程2～3天。

（三）防治措施

一般采用综合性防疫措施。发病后，隔离病牛群，加强消毒，粪尿经无害化处理后利用。一般病牛不治能自愈，治疗可选用四环素族抗生素、链霉素，也可内服松节油和克辽林的等量混合剂，每次25～50毫升，1天2次，一般内服2天既可痊愈。病情严重者，应及时补液。患牛食减神差，肠鸣腹泻，耳、鼻发凉，应加强防寒保暖，供给易消化的饲料，饮温水；药疗用党参、茯苓各60克，干姜、白术、附子、厚朴、甘草各30克，白芍 20 克，水煎服，连用 2～3 剂。

十三、牛气肿疽

气肿疽，俗称黑腿病或鸣疽，是一种由气肿疽梭菌引起的反刍动物的一种急性败血性传染病。其特征是局部骨骼肌的出血坏死性炎、皮下和肌间结缔组织出血性炎，并在其中产生气体，压之有捻发音，严重者常伴有跛行。

气肿疽梭菌为两端钝圆的粗大杆菌，长 2～8 微米，宽 0.5～0.6 微米。能运动、无荚膜，在体内外均可形成芽孢，能产生不耐热的外毒素。芽孢抵抗力强，可在泥土中存活 5 年以上，在腐败尸体中可存活 3 个月。在液体或组织内的芽孢煮沸 20 分钟、0.2％升汞 10 分钟或 3％福尔马林 15 分钟方能杀死。

（一）流行特点

自然感染一般多发于黄牛、水牛、奶牛、牦牛，犏牛易感性较小。发病年龄为 0.5～5 岁，尤以 1～2 岁多发，死亡居多。羊、猪、骆驼亦可感染。病牛的排泄物、分泌物及处理不当的尸体、污染的饲料、水源及土壤会成为持久性传染来源。

该病传染途径主要是消化道，深部创伤感染也有可能发病。本病呈地方性流行，有一定季节性，夏季放牧（尤其在炎热干旱时）容易发生，这与蛇、蝇、蚊活动有关。

（二）临床症状

潜伏期 3～5 天。往往突然发病，病牛体温达 41～42 ℃，轻度跛行，食欲和反刍停止。不久会在肩、股、颈、臀、胸、腰等肌肉丰满处发生炎性肿胀，初热而痛，后变冷，触诊时肿胀部分有捻发音。肿胀部分皮肤干硬而呈暗黑色，穿刺或切面有黑红色液体流出，内含气泡，有特殊臭气，肉质黑红而松软，周围组织水肿；局部淋巴结肿大。严重者呼吸增速，脉细弱而快。病程 1～2 天。

（三）病理变化

尸体迅速腐败和鼓胀，天然孔常有带泡沫血样的液体流出，患部肌肉黑红色，肌间充满气体，呈疏松多孔的海绵状，有酸败气味。局部淋巴结充血、出血或水肿。肝、肾呈暗黑色，常因充血稍肿大，还可见到豆粒大至核桃大的坏死灶；切面有带气泡的血液流出，呈多孔海绵状。其他器官常呈败血症的一般变化。

（四）诊断要点

根据流行特点、典型症状及病理变化可作出初步诊断。其病理诊断要点为：

1. 丰厚肌肉的气性坏疽和水肿，有捻发音。

2. 丰厚肌肉切面呈海绵状，且有暗红色坏死灶。

3. 丰厚肌肉切面有含泡沫的红色液体流出，并散发酸臭味。炭疽、巴氏杆菌病及恶性水肿也有皮下结缔组织的水肿变化，应与气肿疽相区别。炭疽、巴氏杆菌病与气肿疽的区别参见本节炭疽病的诊断。气肿疽与恶性水肿的区别是，恶性水肿的发生与皮肤损伤病史有关；恶性水肿主要发生在皮下，且部位不定；恶性水肿无发病年龄与品种区别。

（五）防治措施

在流行的地区及其周围，每年春秋两季进行气肿疽甲醛菌苗或明矾菌苗预防接种。若已发病，则要实施隔离、消毒等卫生措施。死牛不可剥皮肉食，宜深埋或烧毁。早期的全身治疗可用抗气肿疽血清 150～200 毫升，重症病牛 8～12 小时后再重复一次。实践证明，气肿疽早期应用青霉素肌内注射，每次 100 万～200 万单位，每天 2～3 次；或四环素静脉注射，每次 2～3 克，溶于 5％葡萄糖 2 000 毫升，每天 1～2 次；会收到良好的作用。早期肿胀部位的局部治疗可用 0.25％～0.5％普鲁卡因溶液 10～20 毫升溶解青霉素 80 万～120 万单位，于周围分点注射，可收到良好效果。

十四、牛副结核

牛副结核又称副结核肠炎，是由副结核分支杆菌引起的牛的一种慢性传染病。其特征是肠壁增厚形成皱褶，顽固性腹泻，逐渐消瘦，是目前奶牛业中流行最严重的传染病之一。

（一）流行特点

主要侵害牛，以奶牛多发，也可感染羊、骆驼等家畜，青年牛比老牛易感，1～6月龄牛最易感，但发病多见于2～5岁牛，病牛为传染源，多数由于引进病牛而发生。病原存在于肠道，随病牛粪便排出，主要经消化道传染，犊牛可通过子宫内感染。该病一般为散发。由于饲养不当，蛋白质缺乏，矿物质、维生素不足与缺乏，消毒、卫生不良，以及母牛妊娠、泌乳等，均可使机体抵抗力降低而发病。

（二）临床症状

潜伏期很长，可达半年以上，感染后常不出现临床症状，呈隐性感染，随着机体抵抗力降低，症状可逐渐明显。早期症状为间歇性腹泻，以后变为持续性喷射状腹泻。排泄物稀薄、恶臭，带有大量气泡、黏液和血液凝块。病牛食欲起初正常，精神不好，经常卧地。泌乳逐渐减少，最后全部停止。皮肤粗糙，被毛粗乱，下颌、胸垂、腹下和乳房可见水肿。体温、脉搏、呼吸正常。一般经3～4个月因衰竭死亡。

（三）剖检变化

尸体消瘦，病变主要在消化道和肠系膜淋巴结。空肠、结肠、回肠前段肠管变粗变硬；浆膜下淋巴管和肠系膜淋巴管肿大，呈索状；浆膜和肠系膜显著水肿；肠黏膜增厚3～20倍，并出现硬而弯曲的皱褶，形似脑回，黏膜色黄白或灰黄，黏膜上紧附黏膜液，但无结节、坏死和溃疡。肠系膜淋巴结肿大变软，切面水肿呈黄色，但无干酪样病变。其他脏器无显著变化。

（四）诊断方法

变态反应诊断：用副结核菌素或禽结核菌素作变态反应试验，可检出大部分隐性型病牛。

（五）防治措施

因病牛往往在感染后期才出现症状，因此用药治疗似无意义。预防本病在于加强饲养管理，特别对幼年牛更要注意给以足够的营养，以增强其抵抗力，不要从疫区引进牛只，如已引进则必须进行检查，确认健康时方可混群。

对曾有过病牛的假定健康牛群，在随时做好观察，定期进行临床检查的基础上，对所有牛只，每年隔 3 个月做一次变态反应，变态反应阴性牛方可调出，连续 3 次检查不出现阳性的牛，可视为健康牛，对变态反应阳性和临床症状明显的排菌牛应隔离分批扑杀。

被污染的牛舍、栏杆、饲槽、用具、绳索、运动场要用生石灰、来苏儿、苛性钠、漂白粉、石炭酸等消毒液进行喷雾、浸泡或冲洗，粪便应堆积高温发酵后作肥料。

十五、沙门氏菌病

牛沙门氏菌病又名副伤寒，是由不同血清型沙门氏菌引起人畜和禽类多种疾病的总称。牛副伤寒主要由肠炎沙门氏菌、都柏林沙门氏菌和鼠伤寒沙门氏菌引起。临床上见有急性败血症、胃肠炎、流产、局部感染等不同表现形式。

（一）流行特点

各种年龄的牛都可以发病，特别是 1～2 月龄的犊牛最易感。病牛和带菌牛是本病的主要传染源。主要通过消化道感染，也可由交配和分娩时子宫内感染或发生内源性传染。饲料和饮水不足，牛舍拥挤、潮湿、卫生状况不良，天气骤变，长途运输，犊牛没吮入足够的初乳或断奶过早等，均可促进本病的发生和传播。本病一年四季均可发生。犊牛往往呈流行性发生，成牛散发。

（二）临床症状

如牛群内存在带菌母牛，则犊牛于生后 48 小时内出现卧地、拒食、迅速衰竭等症状，常在 3～5 天死亡，剖检无特殊变化。多数犊牛常于 10～14 日龄以后发病，病初体温升高达 40～41℃，精神沉郁，食欲减少或废绝，脉搏增数，先排黄色液状粪便，24 小时后变为灰黄色、恶臭，混有黏液、血液、假膜和气泡的稀粪，并出现咳嗽、气喘等肺炎症状，眼鼻黏膜也常发炎，随后病犊迅速衰竭、无力、末梢发凉，眼眶下陷，倒地不起，于病后 5～7 天死亡，死亡率可达 50%。慢性病牛则呈现间歇性腹泻，并发肺炎、关节炎和腱鞘炎，极度消瘦，间有神经症状，病程 1～2 周。成年牛常为慢性感染，个别急性病例的临床症状与犊牛基本相同，但下泻后体温下降至正常或略高，于 24 小时后死亡，病程延长者呈消瘦、脱水和腹痛症状。孕牛可发生流产。

（三）剖检变化

急性死亡病例，主要病变为胃肠黏膜、浆膜出血斑，呈卡他性、出血性炎症；肠系膜淋巴结出血、水肿；脾充血、肿大 2～3 倍，质地韧硬如橡皮样；肺常有肺炎区，肝、脾、肾可能有坏死灶。慢性病例主要是肺炎变化，在尖叶、心叶或主叶下缘呈小叶性肺炎，并散在有坏死灶；肝上有灰白色或灰黄色的坏死结节；胆囊壁增厚；膝、跗关节有浆液性、纤维性炎症。

（四）防治措施

平时要加强对犊牛和母牛的饲养管理，保持牛舍空气新鲜，清洁干燥，注意乳汁、饲料和饮水的质量及卫生，经常用 20% 石灰乳或其他常用的消毒药品消毒牛舍地板和用具。对疫区的犊牛，出生后可注射母牛脱纤血 100～150 毫升，10～14 天后注射副伤寒菌苗。

本病治疗，可选用经药敏试验有效的抗生素，如硫酸新霉素，每天 2～3 克，分 2～4 次口服；金霉素每天每千克体重 30～50 毫克，分 2～3 次服；复方新诺明每千克体重 70 毫克，首次量加倍，每天 2 次内服；也可用恩诺沙星、环丙沙星等。

十六、犊牛大肠杆菌病

犊牛大肠杆菌病又称犊牛白痢病，是由致病性大肠杆菌引起的犊牛的一种急性传染病。临床特征是呈急性败血症和排灰白色的稀便。

（一）流行特点

10 日龄以内的犊牛易发，特别是出生 1～3 日龄的犊牛最易发病。大肠杆菌广泛存在于自然界，可随乳汁或其他污物进入犊牛胃肠道，当新生犊牛抵抗力不足或发生消化障碍时，便可引发本病，天气应激、饲养管理、营养不良、初乳不及时等可促发本病。

（二）临床症状

可根据临床症状、流行情况、饲养状况及剖检变化等综合分析判定。据临床表现可分为 3 种类型：

1. 败血型　也称脓毒型。潜伏期很短，仅数小时。主要发生于产后 3 天内的犊牛；大肠杆菌经消化道进入血液，引起急性败血症。发病急，病程短。表现为体温升高，精神不振，不吃奶，多数有腹泻，粪似蛋汤样，淡灰白色。四肢无力，卧地不起。多发生于吃不到初乳的犊牛。败血型发展很快，常于病后 1 天内死亡。

2. 中毒型　也称肠毒血型，此型比较少见。主要是由于大肠杆菌在小肠内大量繁殖，产生毒素所致。急性者未出现症状就突然死亡。病程稍长的，可见典型的中毒性神经症状，先不安，兴奋，后沉郁，直至昏迷，进而死亡。

3. 肠炎型　也称肠型，体温稍有升高，主要表现为腹泻。病初排出的粪便呈淡黄色，粥样，有恶臭，继则呈水样，淡灰白色，混有凝血块、血丝和气泡。严重者出现脱水现象，卧地不起，全身衰弱。如不及时治疗，常因虚脱或继发肺炎而死亡。个别病例也会自愈、但以后发育迟缓。剖检主要呈现胃肠炎变化。

（三）剖检变化

败血症死亡的犊牛，常无明显的剖检变化。白痢型死亡的犊牛，真胃内有大量凝乳块，黏膜充血、水肿、有出血点，小肠黏膜充血、出血及部分黏膜上皮脱落，肠内容物混有血液和气泡，肠系膜淋巴结肿大，切面多汁，心内膜有出血点，肝和肾苍白，有时有出血点，胆囊内充满黏稠暗绿色胆汁，病程长的病犊，还可见到肺炎及关节炎变化。

（四）预防措施

1. 养好妊娠母牛　改善妊娠母牛的饲养管理，保证胎儿正常发育，产后能分泌良好的乳汁，以满足新生犊牛的生理需要。

2. 及时饲喂初乳　为使犊牛尽早获得抗病的母源抗体，在产后 30 分钟内（至少不迟于 1 小时）喂上初乳，第 1 次喂量应稍大些，在常发病的牛场，凡出生犊牛在饲喂初乳前，皮下注射母牛血液 30～50 毫升，并及早喂上初乳，对预防犊牛大肠杆菌病是重要的一环。

3. 保持清洁卫生　产房要彻底消毒，接产时，母畜外阴部及助产人员手臂用 1‰～2‰来苏儿液清洗消毒。严格处理脐带，应距腹壁 5 厘米处剪断，断端用 10％碘酒浸泡 1 分钟或灌注，防止因脐带感染而发生败血症。要经常擦洗母牛乳头。

（五）治疗方法

本病的治疗原则是抗菌、补液、调节胃肠机能和调整肠道微生态平衡。

1. 抗菌　可用土霉素、链霉素或新霉素。内服的初次剂量为每千克体重 30～50 毫克。12 小时后剂量可减半，连服 3～5 天。或以每千克体重 10～30 毫克的剂量肌内注射，每天 2 次。

2. 补液　将补液的药液加温，使之接近体温。补液量依脱水程度而定，原则上失多少水补多少水。当犊牛有食欲或能自吮时，可用口服补液盐。口服补液盐处方为：氯化钠 1.5 克，氯化钾 1.5 克，碳酸氢钠 2.5 克，葡萄糖粉 20 克，温水 1 000 毫升。犊牛不能自吮时，可用 5% 葡萄糖生理盐水或复方氯化钠液 1 000～1 500 毫升，静脉注射。发生酸中毒时，可用 5% 碳酸氢钠液 80～100 毫升。注射时速度宜慢。如能配合适量母牛血液更好，皮下注射或静脉注射，1 次 150～200 毫升，可增强犊牛抗病能力。

3. 调节胃肠机能　可用乳酸 2 克、鱼石脂 20 克，加水 90 毫升调匀，每次灌服 5 毫升，每天 2～3 次。也可内服保护剂和吸附剂，如次硝酸铋 5～10 克、白陶土 50～100 克、活性炭 10～20 克等，以保护肠黏膜，减少毒素吸收，促进早日康复。有的用复方新诺明，每千克体重 0.06 克，乳酸菌素片 5～10 片、食母生 5～10 片，混合后一次内服，每天 2 次，连用 2～3 天，疗效良好。

4. 调整肠道微生态平衡　待病情有所好转时可停止应用抗菌药，内服调整肠道微生态平衡的生态制剂。例如，促菌生 6～12 片，配合乳酶生 5～10 片，每天 2 次；或健复生 1～2 包，每天 2 次；或其他乳酸杆菌制剂。使肠道正常菌群早日恢复其生态平衡，有利于犊牛早日康复。

（六）鉴别诊断

犊牛大肠杆菌病在临床上与牛沙门氏菌病、犊牛梭菌型肠炎、新生犊牛病毒性腹泻、牛球虫病、牛冬痢有类症，具体鉴别如下：

1. 牛沙门氏菌病　该病主要是由沙门氏菌引起的一种传染病，又称犊牛副伤寒。主要侵害 1～2 月龄犊牛。临床上以发热、下痢为主要特征。粪便带血、恶臭；胃肠黏膜和浆膜上有出血斑。

2. 犊牛梭菌型肠炎　该病是由魏氏梭菌外毒素引起的幼犊

的一种急性致死性传染病。临床上以畸形死亡和排血便为特征，主要病变是小肠黏膜坏死。

3. 新生犊牛病毒性腹泻　该病是由多种病毒引起的急性腹泻综合征。由轮状病毒感染引起的腹泻，多发生于1周龄以内的犊牛；冠状病毒感染的病例多见于2～3周龄犊牛。临床上均以精神萎靡、厌食、呕吐、腹泻（粪便呈黄白色、液体）和体重减轻为主要特征。

4. 牛球虫病　该病是由多种球虫引起的一种肠道原虫病。临床上以恶臭的血痢和直肠、大肠或盲肠黏膜有出血性炎症，及溃疡、坏死为主要特征。取直肠黏膜刮取物和粪便涂片镜检，可发现大量球虫卵囊。

5. 牛冬痢　又称牛黑痢，是由空肠弯杆菌引起牛群在秋冬季节舍饲期间暴发的一种急性肠道传染病。有时冠状病毒参与致病。大小牛都可感染，但成年牛病情严重。临床上以排水样棕色稀便和出血性下痢为特征，但全身症状轻微，很少死亡。

十七、坏死性杆菌病

坏死性杆菌是由坏死梭菌引起的各种哺乳动物和禽类的一种慢性传染病，以受害皮肤、皮下组织和消化道黏膜发生坏死，产生特殊臭味为特征。临床上，成年牛表现为腐蹄病，犊牛表现为犊白喉。

（一）流行特点

本病病原为坏死梭杆菌，本菌广泛分布于自然界，在动物饲养场、被污染的沼泽、土壤中均可发现。此外，还常存在于健康动物的口腔、肠道、外生殖器等处。本病易发生于饲养密集的牛群，多发生于乳牛，犊牛较成年牛尤易感染。病牛的分泌物、排泄物、污染环境成为重要的传染源。本病主要通过损伤的皮肤、黏膜而侵入组织，也可经血流而散播，特别是局部坏死梭杆菌易随血流散布至全身其他组织或器官中，并形成继发性坏死病变。新生犊牛可由脐经脐静脉侵入肝。凡牛舍、运动场潮湿、泥泞或夹杂碎石、煤渣，饲料质量低劣，人工哺育不注意用具消毒等，均可引起本病。本病常为散发，或呈地方流行性。

（二）临床症状

潜伏期 1～2 周，一般 1～3 天。临床上常见的有腐蹄病、坏死性口炎（白喉）等。

1. 腐蹄病　多见于成牛。当叩击蹄壳或钳压病部时，可见小孔或创洞，内有腐烂的角质和污黑臭水。这种变化也可见于蹄的其他部位，病程长者还可见蹄壳变形。重者可导致病牛卧地不起，全身症状变化，进而发生脓毒败血症而死亡。

2. 坏死性口炎（又称"白喉"）　多见于犊牛。病初表现为厌食、发热、流涎、鼻漏、口臭、气喘。口腔黏膜红肿，增温，在齿龈、舌、腭、颊或咽等处，可见粗糙、污秽的灰褐色或灰白色的假膜。如坏死上皮脱落，可遗留界限分明的溃疡，其面积大小不等，溃疡底部附有恶臭的坏死物。发生在咽喉者有颌下水肿、呕吐，不能吞咽及严重的呼吸困难。病变有时蔓延至肺部，引起致死性支气管炎或在肺和肝形成坏死性病灶，常导致病牛死亡，病程 5～20 天。

（三）诊断方法

依据患病的部位，坏死组织的特殊变化和臭气，以及因病部而引起的机能障碍，进行综合性分析，一般即可确诊。

（四）防治措施

加强饲养管理，精心护理牛只，保持牛舍、环境用具的清洁与干燥。低湿牧场要注意排水，及时清理运动场地上粪便、污水，定期给牛修蹄，发现外伤应及时进行处理。

治疗本病一般采用局部治疗和全身治疗相结合的方法。

腐蹄病：应先彻底清除病牛患部坏死组织，用 3％来苏儿溶液冲洗或 10％硫酸铜洗蹄，然后在蹄底病变洞内填塞高锰酸钾粉。对软组织可用抗生素或磺胺碘仿等药物，以绷带包扎，外层涂些松馏油以防腐防湿。

坏死性口炎（白喉）：应先除去假膜，再用0.1％高锰酸钾溶液冲洗，然后涂擦碘甘油，每天2次至病愈。对有全身症状的病牛应注意注射抗生素，同时进行强心补液等对症疗法。

十八、传染性鼻气管炎

牛传染性鼻气管炎是由疱疹病毒引起的一种急性发热性传染病。又称坏死性鼻炎和"红鼻子"病。冬季或寒冷时发病较多。患病牛的呼吸道、眼和生殖道的分泌物及精液内，都含有大量病毒，可通过空气（飞沫）与排泄物的接触以及与病牛的直接接触进行传播。临床症状消失后，病牛可在较长时间内继续排泄病毒，这是最主要的传染源。

（一）临床症状

病牛临床表现有以下几种类型：

1. 呼吸型 多数是这种类型。牛只突然精神沉郁，不食，呼吸加快，体温高达42℃；鼻镜、鼻腔黏膜发炎，呈火红色，所以称"红鼻子"病。咳嗽、流鼻液、流涎、流泪。多数呈现支气管炎或继发肺炎，造成呼吸困难甚至窒息死亡。

2. 生殖器型 母牛阴户水肿发红，形成脓疱，阴道底壁积聚脓性分泌物。严重时在阴道壁上也形成灰白色坏死膜。公牛则发生包皮炎，包皮肿胀、疼痛，并伴有脓疱形成肉芽样外观。

3. 肺炎型 多发生于青年牛和6月龄以内的犊牛，表现明显的神经症状。

此外，还有流产型和眼结膜型。以上各型，有的单独发生，有的合并发生。尸体剖检，在鼻腔和气管中有纤维性蛋白物渗出为本病的表征。进一步确诊需实验室检验。常用方法有血清综合试验、病毒分离、荧光抗体法等。

（二）治疗方法

本病目前无特异治疗方法。病后加强护理，给予适口性好、易消化的饲料，以增强牛的耐受性。抗生素虽对本病无治疗作用，但可防止继发感染，控制并发症。为此可注射四环素 200～250 单位，或土霉素 2～2.5 克，每天 2 次。对脓疱性阴道炎及包皮炎，可用消毒药液，如 0.1％高锰酸钾液、1％来苏儿、0.1％新洁尔灭等进行局部冲洗，洗净后涂布四环素或土霉素软膏，每天 1～2 次。

十九、瘤胃臌气

瘤胃臌气是由于瘤胃内草料发酵，迅速产生大量气体而引起的疾病。多发生于春末夏初。

（一）病发原因

主要是由于采食大量易发酵的新鲜幼嫩多汁的豆科牧草或青草、豆科种子、作物的幼苗、块根植物的茎叶，采食多量雨季潮湿的青草、霜冻的草料及腐败发酵的青贮饲料，吃了某种麻痹的毒草，均可引起本病。此外，也可以继发于食管阻塞、前胃弛缓、创伤性网胃炎、腹膜炎等疾病。

（二）临床症状

病牛不安、腹痛明显、腹围增大、左肷部异常凸起，反刍、嗳气停止，张口呼吸且呼吸困难，心跳加快，可视黏膜发绀，触诊肷部紧张而有弹性，叩诊呈鼓音。泡沫性臌气病情更严重。后期病牛呻吟，步样不稳或卧地不起，常因窒息或心脏麻痹而死亡。

（三）预防措施

1. 限制青绿饲草的数量，每头牛日喂量不超过 15 千克，青苜蓿不超过 10 千克。特别是萝卜、甜菜、带露水青草等不能过多饲喂。

2. 饲喂后要注意观察，突然添加青绿饲料时，由于适口性好，奶牛采食量增加。在饥饿时猛采食大量青绿饲料最容易发生瘤胃臌气，所以一定要注意观察。

3. 饲喂后12小时之间观察一次，大部分奶牛都发生在采食后12小时左右，臌气牛腹围很大，呼气有"哼吭"之音，左侧肋窝凸起，按之有弹力，敲之如鼓，四肢叉开等现象。

（四）治疗方法

1. 先对于左侧肋窝凸高过脊背者，必须先放气，用气针或20号静脉针头，从左侧肋窝垂直刺入按紧针头，先缓慢放气35分钟左右，直到无气为止。消毒针口，按压针眼，防止串皮。

2. 用植物油1千克、小苏打（或者熟石灰）0.1千克、白萝卜籽0.1千克（炒黄，捣细）加水适量，一次灌服。

3. 用棉籽油500毫升、食用碱面200克，加水适量，一次灌服。

奶牛瘤胃臌气，腹压不是太大的用方法2、3即可。灌服后驱赶运动0.5小时，胀气即可消失。

二十、生产瘫痪症

生产瘫痪又称乳热病，是奶牛分娩前后发生的一种严重代谢疾病。此病的特征是由于缺钙而知觉减退或消失，四肢麻痹，瘫痪卧地。此病的发病率，头胎牛几乎不发生，5～9岁或3～7胎发病较多，年产奶量在6 000千克以下者发病少，6 000千克以上者发病多；分娩3天内的母牛发病多，其中以产后24小时内发病最多，3天以后发病者少，偶见于产后3～6个月发生的所谓非生产性瘫痪。

（一）病发原因

目前认为，促使血钙降低的因素有下列几种，生产瘫痪的发生可能是其中一种（单独）或几种因素共同作用的结果。

（1）日粮中钙质不足。奶牛妊娠期间，母体本身产奶消耗和体内胎儿的生长发育，都需要大量的矿物质和维生素的补充，如饲料管理不当，日粮中的钙质不足都会导致母体血钙水平的降低。

（2）钙磷比例不平衡。正常的钙磷比例应为 1.3：1 至 2：1。如果长期饲喂高钙日粮，钙磷比例不当或由于维生素 D 供应不足而影响了钙磷的吸收和利用，均可导致奶牛体内钙磷的比例不平衡，造成产后瘫痪。

（3）产后大量挤奶。产后奶牛由于胎儿带走大量的钙，且体质比较弱，若再大量挤奶，使本已低钙的奶牛钙磷水平急剧下降。

（4）日粮中的钾等阳离子饲料含量过高。影响奶牛骨钙的正常调用，从而使母体血钙水平降低。

（5）对干奶期奶牛饲喂了高钙物质。干奶期尤其是干奶后期奶牛对钙的需要处于最低限度，高钙物质在体内抑制了奶牛泌乳所必需的钙内环境调节机制的启动，致使奶牛产后不能及时地调用骨钙，使血钙水平降低，造成奶牛产后瘫痪。

（二）临床症状

一般症状为精神沉郁，呆立，对外界反应迟钝，食欲降低或废绝，反刍、瘤胃蠕动及排尿停止，泌乳量降低；体温正常或降低（37.5 ℃），心跳正常，步态不稳，站立时两后肢交替踏脚。有的牛当人接近时，表现为张口吐舌。

典型症状即瘫痪。患牛初瘫痪时，呈短暂的兴奋不安，卧地后试图站立，站立后四肢无力，左右摇晃，后摔倒不起，也有两前肢腕关节以下直立，后肢无力，呈犬坐势，由于挣扎用力，病畜全身出汗，颈部尤多，肌肉颤抖。当几次挣扎不能站立后，患畜安然静卧。随病程的延长，病中的知觉与意识逐渐消失。病牛昏睡，眼闭合，眼睑反射减弱，瞳孔散大，对光线照射无反应。皮肤、耳、蹄末梢温度下降，发凉，针刺反射微弱，尤以跗关节以下知觉减退与消失明显。病畜以一种特殊姿势卧地，四肢缩于腹下，颈部弯曲呈"S"状。有的头偏于体躯一侧，人将其头拉直，松手后头又复回原状。球关节弯曲。体温下降至 37.5～

38 ℃，最低可降至 35～36 ℃。呼吸缓慢而深，心跳细弱，次数增加，每分钟达 90 次以上。少数病例流涎，呈泡沫状。有的因咽喉麻痹，可见发生瘤胃膨胀。

（三）预防及治疗措施

1. 预防

（1）加强干奶牛的管理，限制精料喂量，增加干草饲量，以防止牛体过肥。

（2）分娩前 6～10 天，可肌内注射维生素 D30 000 国际单位，每天 1 次，以降低发病率。

（3）对高产牛、年老体弱牛、有瘫痪病史的牛于产前 1 周，在饲料中加乳酸钙（50 克/天），或静脉注射葡萄糖、钙制剂。

（4）分娩后应喂给温热的麸皮盐水，产后不立即挤奶及产后3 天之内不将初乳挤净，仅挤 1/2～1/3 即可。

2. 治疗

（1）补糖、补钙。可一次静脉注射 20％葡萄糖酸钙（内含4％硼酸）和 25％葡萄糖各 500 毫升，每天 2 次，直到奶牛站起为止。

（2）乳房送风。即向乳房内打气，其目的是使乳房膨胀、内压增高，减少乳房内血流量，此方法在发病早期使用效果较好。打气的数量以乳房皮肤紧张，各乳区界线明显，即"鼓"起为标准。

（3）也可在输钙时，静脉注射安钠咖硫酸镁 100～150 毫升。

（4）采用适当的对症疗法。因瘫痪牛有咽喉麻痹现象，所以患此病时禁止经口投服药物。此外，病牛要有专人护理，多加垫草，天冷时要注意保温。病牛侧卧的时间过长，要设法使其转为伏卧或将牛翻转，防止发生褥疮及反刍时引起异物性肺炎。病牛初次起立时，仍有困难，或者站立不稳，此时必须加以扶持，避免跌倒引起骨骼及乳腺损伤。痊愈后 1～2 天，挤出的奶量仅以够喂犊牛为度，以后才可逐渐将奶挤净。

二十一、乳 房 炎

(一)发病原因

1. 由多种非特定的病原微生物引起　有细菌、支原体、真菌、病毒等。细菌的感染有两种,一种是血源性的,指细菌经血液转移而引起,患结核病、布鲁氏菌病、胎衣不下、流行热、子宫内膜炎、创伤性心包炎时,乳房炎为其继发性症状;另一种是外源性的,指细菌由外界侵入而引起。

2. 机械挤乳引起　乳房炎发病率高,其原因是机械抽力过大,引起乳头裂伤、出血;电压不稳,抽力忽大忽小;频率不定,过快或过慢;抽的时间过长,跑空机;乳杯大小不合适,机器配套不全,内壁弹性低、松软等;机器用完未及时清洗,或刷洗不彻底。

3. 没有严格按操作规程挤奶　如挤奶员的手法不对,或将乳头拉得过长,或过度压迫乳头管,都会损伤乳头黏膜而引起乳房炎。

4. 其他原因　乳房或乳头有外伤;乳牛场内环境卫生差,挤奶用具消毒不严,洗乳房的水不清洁,或突然更换挤奶员。

(二)症状表现

1. 隐性乳房炎　细菌侵入乳房,未引起临床症状,肉眼观察乳房、乳汁无异常,但乳汁在生化上及细菌学上已发生变化。

2. 临床型乳房炎　肉眼可见乳房、乳汁发生异常。根据其变化与全身反应程度不同,可分为以下几种:

轻症:乳汁稀薄、呈灰白色,乳汁中有絮状物、有凝块。乳房轻度发热和疼痛或不热不痛,可能肿胀,产奶量变化不大。食欲、体温正常。停奶时,可见乳汁呈黄白色、黏稠状。

重症:患区乳房肿胀、发红、质硬、疼痛明显,乳呈淡黄色;产奶量下降,仅为正常的 $1/2 \sim 1/3$,有的仅有几把奶。体温升高，食欲废绝，乳上淋巴结肿大（如核桃大），健区乳房的产奶量也显著下降。

恶性：发病急，病牛无乳，患区和整个乳房肿胀，坚硬如石。皮肤发紫，龟裂，疼痛极明显。患区仅能挤出 1～2 把黄水或血水，病畜不愿行走，食欲废绝，体温高达 41.5 ℃以上，呈稽留热型，持续数日不退。心跳增速（100～150 次/分钟），泌乳停止。病初期粪干，后呈黑绿色粪汤，消瘦明显。

（三）治疗措施

1. 全身疗法　用青霉素 200 万～250 万单位，一次肌内注射，每天 2 次。用四环素 200 万单位，一次静脉注射。根据病情，可静脉注射葡萄糖、碳酸氢钠等。

2. 局部治疗

（1）患区外敷。乳房高度肿胀热痛时，可冷敷、冰敷以缓解局部症状。用 10％酒精鱼石脂、10％鱼石脂软膏涂布患区，缓解肿胀和疼痛。

（2）用青霉素 40 万单位、链霉素 50 万～100 万单位、蒸馏水 50～100 毫升，一次注到乳头内，每天 2 次。

3. 乳房基底封闭　在乳房基底部与腹壁之间，分 3～4 点，进针 8～10 厘米，注射 0.25％～0.5％盐酸普鲁卡因溶液（内加青霉素 40 万单位）100～250 毫升。

4. 预防措施

（1）严格执行消毒措施，以防止细菌感染：①挤奶前用50～56 ℃的温净水清洗乳房及乳头，或用 1：4 000 漂白粉液、0.1％新洁尔灭液、0.1％高锰酸钾液洗乳房。②用 3％次氯酸钠液、0.3％洗必泰液或 70％酒精浸泡乳头。③每次挤完奶后应彻底消毒挤奶机，夏季每 3 天要用 1％碱水清刷 1 次，内胎可在 85 ℃热水中浸泡。④患牛的奶应集中处理，不可乱倒。

（2）严格执行挤奶操作制度：①手工挤奶应采取拳握式，乳头过短时可用滑下法，应按慢—快—慢的原则挤奶。②用机器挤奶时，应在洗好乳房后及时装上乳杯，以防空挤。

（3）加强对干乳期牛的防治：①停奶时，应向乳头内注射青霉素，每个乳区用 20 万～40 万单位。或用卞星青霉素 40 万单位、链霉素 40 万单位和花生油 20 毫升，做混悬液注入。②育成牛群中如有偷吸吮乳头的恶癖牛，应从牛群中挑出，或带上笼头。

二十二、牛疥螨病

该病是由痒螨或疥螨寄生在牛的体表引起的慢性皮肤病。剧痒，湿疹性皮炎、脱毛并具有传染性是本病的特征。疥螨病主要在冬季流行，其次是晚秋和早春，夏季则处于潜伏状态。病原为痒螨科痒螨属痒螨和疥螨科疥螨属疥螨。痒螨长圆形，背面隆起腹面扁平，黄白色，体长 0.5～0.9 毫米，肉眼可见，有 4 对足，1 个假头（口器），胸上有气孔，身体后缘有肛门。疥螨与痒螨形态大体结构相同，体较圆，但较小，体长为 0.1～1.5 毫米，肉眼很难看见。虫卵为椭圆形，透明，灰白色或淡黄色。幼虫时只有 3 对足。

痒螨和疥螨的发育都分为卵、幼虫、稚虫和成虫 4 个阶段，所不同的是痒螨在皮肤表面刺吸组织液为食，疥螨则在皮肤表皮挖洞，以角质组织及渗出液为食。从虫卵开始至成虫，痒螨的整个发育过程为 10～12 天，疥螨的发育过程为 8～22 天。痒螨的寿命约 42 天，疥螨 32～42 天。

（一）主要症状

1. 奶牛疥螨病主要是引起剧痒，病牛经常摩擦、舐吮患部，影响病牛的采食与休息。

2. 造成皮炎，皮肤损伤，开始时为小红点或小水疱，之后有黄色组织液渗出，然后结成厚厚的黄色痂皮。如有擦伤，则可能出血，结痂中带有血色。后期可有皮肤增厚、消瘦、贫血及恶病质反应，严重者可引起死亡。

（二）诊断方法

在寒冷季节见到病牛剧痒，皮炎，脱毛，消瘦等症状可初步怀疑本病。找到痒螨或疥螨的虫体可以确诊。

虫体检查法：在患病部位与健康部位交界处，用小刀蘸上液体石蜡或50％的甘油水，用力刮至出血，将刮下的皮屑、碎毛置载玻片上，滴加1滴10％的火碱，在低倍显微镜下检查有无虫体，此法既适用于疥螨也适用于痒螨。

临床上也可用简便的方法检查痒螨：可直接用手拨开患部与健部交界处附近的牛毛，用大头针直接挑出白色点状活动物或形状类似于螨虫的白点状物，放到一块黑布上观察其是否活动，是否是螨虫。

（三）治疗方法

1. 涂药或喷洒治疗　每千克体重50毫克溴氢菊酯喷洒2次，中间间隔10天；每千克体重750毫克螨净水乳液喷淋2次，中间间隔7～10天；每千克体重500毫克辛硫磷喷淋或药浴，5％的敌百虫水溶液涂擦或喷淋（药液现用现配），孕牛禁用，以防流产，隔1周后重复用药1次。

2. 注射治疗　用阿维菌素或伊维菌素系列药品，按有效成分每千克体重0.2毫克皮下注射，每隔20～25天用药1次，连用3次。

二十三、牛腐蹄病

乳牛腐蹄病是指蹄的真皮和角质层组织发生化脓性病理过程的一种疾病，其特征是真皮坏死与化脓，角质溶解，病牛疼痛，跛行。

（一）发病原因

1. 奶牛发生的四肢病，为一种磷钙代谢紊乱引起的钙磷代谢病。日粮中钙磷供应不足，钙磷比例不当（应为1.25～1.35∶1），可能是造成蹄病发生的主要原因之一。

2.管理不当，运动场泥泞、潮湿，修蹄不定期。

3.坏死杆菌、化脓性棒状杆菌的感染。

（二）临床症状

1.蹄趾间腐烂　为乳牛蹄趾间表皮或真皮的化脓性或增生性炎症。蹄部检查发现蹄趾皮肤充血、发红肿胀、糜烂。有的蹄趾间腐肉增生，呈暗红色，突于蹄趾间沟内，质度坚硬，极易出血，蹄冠部肿胀，呈红色。病牛跛行，以蹄尖着地。站立时，患肢负重不实，有的以患部频频打地或蹭腹。犊牛、育成牛和成年牛都有发生，但以成年牛多见。

2.腐蹄　腐蹄为乳牛蹄的真皮、角质部发生腐败性化脓，表现在两蹄中的一侧或两侧。四蹄皆可发病，以后蹄多见。成年牛发病最多。全年都有发生，以7～9月发病最多。病牛站立时患蹄球关节以下屈曲，频频换蹄、打地或踢腹。前肢患病时，患肢向前伸出。蹄变形，蹄底磨损不正，角质部呈黑色。如外部角质尚未变化，修蹄后见有污灰色或污黑色腐臭脓汁流出，也有的患牛由于角质溶解，蹄真皮过度增生，肉芽突出于蹄底之外，大小为黄豆大到蚕豆大，呈暗褐色。炎症蔓延到蹄冠、球关节时，关节肿胀，皮肤增厚，失去弹性，疼痛明显，步行呈"三脚跳"。化脓后，关节处破溃，流出乳酪样脓汁，病牛全身症状加剧，体温升高，食欲减退，产乳量下降，常卧地不起，消瘦。

（三）治疗方法

1.蹄趾间腐烂　以10％～30％硫酸铜溶液，或1％来苏儿洗净患蹄，涂以10％碘酊，用松馏油涂布（鱼石脂也可）于蹄趾间部，装蹄绷带。如蹄趾间有增生物，可用外科法除去，或以硫酸铜粉、高锰酸钾粉撒于增生物上，装蹄绷带，隔2～3天换药1次，常于2～3次治疗后痊愈，也可用烧烙法将增生肉芽烙去。

2.腐蹄　先将患蹄修理平整，找出角质部腐烂的黑斑，用小刀由腐烂的角质部向内深挖，直到黑色腐臭脓汁流出为止，然后用 10％硫酸铜冲洗患蹄，内涂 10％碘酊，填入松馏油棉球，或放入高锰酸钾粉、硫酸铜粉，最后装蹄绷带。如伴有冠关节炎、球关节炎，局部可用 10％酒精鱼石脂绷带包裹，全身可用抗生素、磺胺等药物，如青霉素 200 万～250 万单位，肌内注射，每天 2 次；或 10％磺胺噻唑钠 150～200 毫升静脉注射，每天 1 次，连续 7 天。如患牛食欲减退，为促进炎症消退可静脉注射葡萄糖，5％碳酸氢钠 500 毫升或 40％乌洛托品 50 毫升。

（四）预防措施

1. 坚持定期修蹄，保持牛蹄干净；及时清扫牛棚、运动场。

2. 加强对牛蹄的监测，以及时治疗蹄病，防止病情恶化。

3. 日粮要平衡，钙磷的喂量和比例要适当。

二十四、关 节 炎

关节炎是以关节滑膜层的渗出性炎为主的疾病。临床上根据滑膜渗出物的性质分为浆液性、纤维蛋白性、出血性和化脓性等炎症。

（一）诱发病因

引起关节炎的主要病因是损伤，包括关节的创伤、挫伤、脱位等；其次是发生刺伤、切创等外伤后，微生物侵入滑膜囊而发病。此外，奶牛的布鲁氏菌病、风湿病、传染性胸膜肺炎及犊牛脐炎也能并发关节炎。

（二）临床症状

1. 急性关节炎 关节肿大，局部增温，触诊敏感，疼痛，关节腔内容物增多，严重者关节囊膨胀，向外凸出。穿刺关节囊时可排出混浊的滑液或混有血液，被细菌感染时可见脓汁。这时关节周围组织高度肿胀，可形成局限性脓肿。有的手术时可见蛋白质和纤维素。一般触诊时有热、痛及波动感。病牛站立时病肢尽量避免负重，病关节弯曲，喜卧。迫使病牛运动，有时可见跛行。

2. 慢性关节炎 主要是关节积液，触诊有波动，很少有炎症症状。关节活动受到限制，步幅缩短，长期跛行，病肢的肌肉萎缩。

（三）防治措施

治疗原则主要是制止渗出，促进吸收，排除积液，消除感染，减轻疼痛。

1. 急性关节炎　炎症初期，可应用冷却疗法，缠以压迫绷带。为促进炎性渗出物的吸收，可选用饱和食盐湿绷带、饱和硫酸镁溶液湿绷带、樟脑酒精湿绷带、鱼石脂酒精绷带等，每天1次，连用3～4天。当渗出物过多时，可抽出关节腔内液体，然后注入普鲁卡因青霉素溶液，装着热绷带。当关节腔内蓄脓时，应抽出脓汁，用5%碳酸氢钠液或0.1%新洁尔灭液或生理盐水等反复冲洗关节腔，直至抽出液变透明。这时向关节腔内注射普鲁卡因青霉素液，每天1次。也可用糖皮质激素和醋酸氢化可的松等。

2. 慢性关节炎　主要用温热疗法，如酒精热绷带或石蜡疗法。迫使病牛做适当运动，以促进关节活动。

二十五、奶牛酮病

酮病又称酮血病、酮尿病，是由于日粮中糖和含糖物质不足，以致脂肪代谢紊乱，体内产生大量酮体所致的一种营养代谢障碍性疾病。临床上以呈现顽固性消化紊乱，呼气、泌尿和泌乳可散发酮味以及有一定的神经症状为特征。本病多发生于舍饲期间运动不足、营养良好、3～6胎及产后3周之内泌乳量开始增加至最高峰的奶牛。

（一）发病原因

1. 原发性营养性酮病　饲料供应过少，饲料品质低劣，饲料单一，日粮处于低蛋白、低能量的水平下，致使母牛不能摄取必需的营养物质，发生消耗性、饥饿性酮病；日粮处于高能量、高蛋白的条件下，因奶牛高产不能使摄入的充足的碳水化合物转变为葡萄糖；或供给含丁酸多的饲料，多汁饲料制成的青贮料中乙酸含量过高，经吸收后可变为丙酮，引发奶牛酮病。

2. 继发性酮病 患前胃弛缓、瘤胃臌气、创伤性网胃炎、真胃炎、胃肠卡他、子宫炎、乳房炎及其他产后疾病，往往引起母牛食欲减退或废绝，由于不能摄取足够的食物，机体得不到必需的营养致使发生酮病。

（二）临床症状

1. 消耗型 病初，病牛食欲减退，产奶量下降。拒食精料，食少量干草，继而食欲废绝。异食，病牛喜喝污水、尿汤；舔食污物或泥土。粪便干而硬，量少；有的伴发瘤胃臌气；消瘦，皮肤弹性减退，精神沉郁，对外反应微弱，不愿走动。体温、脉搏、呼吸正常；随病时延长，体温稍有下降（37.5℃），心跳数增加（100 次/分钟），心音不清、脉细而微弱，重症者全身出汗、似水洒身、尿量减少，呈淡黄水样，易形成泡沫，有特异的丙酮气味。轻症者产奶量持续性下降；重症者产奶量骤减或无乳，并具有特异的丙酮气味。一旦产奶量下降，虽经治愈，但产奶量多不能完全恢复到病前水平。

2. 神经型 神经症状突然发作，患畜不认其槽，于圈内乱转；目光怒视，横冲直撞，四肢叉开或相互交叉，站立不稳，全身紧张，颈部肌肉强直，兴奋不安，亦有举尾于运动场内乱跑，阻挡不住，饲养员称之为"疯牛"；空嚼磨牙，流涎，感觉过敏，乱舔食皮肤，吼叫，震颤，神经症状发作后持续时间较短，1～2小时，但 8～12 小时后，仍有再次复发；有的牛对外无反应、呈沉郁状。

（三）诊断方法

对病畜作全面了解，要讯问病史、查母牛产犊时间、产乳量变化及日粮组成和喂量，同时对血液酮体、血糖、尿酮及乳酮作定量和定性测定，要全面分析、综合判断。

（四）治疗方法

为了提高治疗效果，首先应精心护理病畜、改变饲料状况、日粮中增加块根饲料和优质干草。

1. 葡萄糖疗法　静脉注射 50％葡萄糖 500～1 000 毫升，对大多数病畜有效。因一次注射造成的高血糖是暂时性的，其浓度维持仅 2 小时左右，故应反复注射。

2. 激素疗法　可的松 1 000 毫克肌内注射，注射后 48 小时内，患牛食欲恢复，2～3 天后泌乳量显著增加，血糖浓度增高，血酮浓度降低。

3. 对症疗法　神经性酮病，可用水合氯醛内服，首次剂量为 30 克，随后 7 克，每天 2 次，连服数天。

4. 解除酸中毒　可用 5％碳酸氢钠液 500～1 000 毫升，一次静脉注射。

5. 防止不饱和脂肪酸生成过氧物，以增加肝糖量　可用维生素 E 1 000～2 000 毫克，一次肌内注射。

6. 促进皮质激素分泌　每千克体重可用维生素 A 500 国际单位，内服；维生素 C 2～3 克，内服。

7. 加强前胃消化机能，促进食欲　可用人工盐 200～250 克，1 次灌服；维生素 B 120 毫升，一次肌内注射。维生素 B_{12} 和钴合用，效果更好。

8. 中药处方　当归、川芎、砂仁、赤芍、熟地、神曲、麦芽、益母草、广木香，各 35 克，磨碎，开水冲，灌服，每天或隔天 1 次，连服 3～5 次。

第五章

奶牛繁殖与淘汰奶牛的利用

第一节　奶牛生殖机理概述

一、母牛的生殖器官及功能

母牛的生殖系统由卵巢、输卵管、子宫、阴道、尿生殖前庭和阴唇组成。

1. 卵巢　母牛卵巢的功能是分泌激素和生产卵子。包含一个卵子和周围细胞结构，即卵泡。在发情周期，卵泡逐渐增大，发情前几天，卵泡明显增大，雌激素分泌增多，发情的时候一般只有一个卵泡破裂释放出卵子，并在排放点卵子壁细胞迅速增殖，在卵巢上形成另一个主要结构，称为黄体。黄体主要分泌孕酮支持妊娠。

2. 输卵管　输卵管是卵子受精及受精卵进入子宫的管道。两条输卵管靠近卵巢的一端扩大成漏斗状，该漏斗状结构被称为输卵管伞。输卵管伞部分包围着卵巢，特别是在奶牛排卵的时候。卵子进入输卵管，借助输卵管内皮细胞上纤毛的运动，使卵子沿着输卵管向下运动，卵子受精发生在输卵管的上半段，受精而形成合子，然后在输卵管中停留3～4天。而输卵管的另一端与子宫角的结合点充当阀门的作用，一般只在发情时让精子通过，并只允许受精3～4天的受精卵进入子宫。因为只有发情3～4天的子宫内环境才更有利于胚胎的生存和发育。

3. 子宫　母牛的子宫由一个子宫体和两个子宫角组成的。子宫是精子向输卵管运动的通道，也是胚胎发育和胚盘附着的地点。子宫是肌肉发达的器官，能大大扩张来容纳生长的胎儿，分娩后不久又能迅速恢复正常时的大小，阔韧带把子宫悬挂在腹腔中。子宫肌层是由纵肌和环肌细胞层组成。这些肌肉担负胎牛出生时所必要的子宫收缩。子宫黏膜又称子宫内膜，它含有在发情周期分泌的多种化学成分和不同数量的液体腺。另外，还有几十个稍微高出周围子宫内膜表面的特化区，叫做子叶，即母体子叶，在妊娠期间，子宫上皮在这里与胎膜接触形成胎盘。

4. 子宫颈　子宫颈是子宫与阴道之间的部分。子宫颈由子宫颈胶原纤维和弹性纤维及黏膜构成，从而形成厚而紧的皱褶结构。通常情况下子宫颈收缩得很紧，处于关闭状态，只有在发情周期和分娩时，环绕子宫颈的肌肉才会松弛，这种结构有助于保护子宫不受阴道内多种有害微生物的侵入，子宫颈黏膜里的细胞分泌黏液，在发情期间其活性最强，在妊娠期间，黏液形成栓塞，封锁子宫颈口，使子宫不与阴道隔绝，以防止胎儿脱出和有害微生物入侵到子宫里。

5. 阴道　阴道是连接子宫颈和阴门的部分，是自然交配时精液进入的地点。虽然阴道黏膜有细胞分泌黏液以冲洗细菌，但仍然会有较低浓度的感染持续发生在阴道中，导致发生阴道炎。

6. 阴门　阴门位于阴道与母牛体表之间，包括前庭和尿道下憩室（阴道底上的一个盲囊）。

二、卵子的发生发育

卵子发生：卵原细胞形成成熟卵细胞的过程称为卵子发生。卵子形成发生在卵巢，并且有一个增殖期，在该期，卵原细胞通过有丝分裂增加细胞数量。

经过有丝分裂增殖之后，卵原细胞进行减数分裂，此时的卵原细胞被称为卵母细胞。卵母细胞经减数分裂，其染色体发生遗传重组，并将染色体组的数量减半成为单倍体。为了保证卵子发生具有足够的生长期，减数分裂前期Ⅰ的粗线期或双线期被延长；生长期的延长，主要是让发育中的卵母细胞生长到足够的体积大小，以便能够携带足够的营养物质为胚胎发育之用。

卵母细胞在发育过程中具有显著的不对称性。卵母细胞的一端称为植物极，相反的一端称为动物极。卵子发生的生长期完成之后，卵母细胞准备进行减数分裂，但是卵母细胞不会自动进入成熟期，而是停滞在前期Ⅰ，直到有适当的激素进行刺激。卵母细胞的减数分裂是高度不对称的，最后产生一个成熟的卵细胞和三个极体。

三、公牛的生殖器官及功能

公牛的生殖器官由睾丸、附睾、输精管、精索、尿生殖道、副性腺、阴茎和阴囊组成。

睾丸由许多粗细不同、形态不一的管道构成，包括曲精细管、精小管和睾丸网。曲精细管是精子生成的场所。

附睾与睾丸相连，睾丸产生的精子主要在附睾内成熟和贮存。

输精管、精索是连接附睾和尿生殖道的通道。输精管壁具有发达的平滑肌纤维，公牛在射精时借其强有力的收缩作用将精子射出。

尿生殖道兼有排尿与排精的双重作用。公牛尿道的尿肌在阴茎球附近尤为发达，称球海绵体肌，其收缩对排精和排空潴留尿有重要作用。

公牛的副性腺包括前列腺、成对的精囊腺及尿道球腺，它们的分泌物与输精管壶腹的分泌物以及睾丸生成的精子共同组成精液。副性腺的分泌物有稀释精子、营养精子及改善阴道环境作用。

阴茎处于公牛生殖器的最末端，为公牛的交配器官。阴茎是由阴茎海绵体和尿道阴茎部构成。阴囊为带状的腹壁囊，内有睾丸、附睾及部分精索。

四、性成熟及初配适龄

公母牛生长到一定的年龄，其生殖机能发育到比较成熟的阶段，就会表现出相应的性行为和第二性特征，最重要的是其能够产生成熟的生殖细胞，这时进行交配，母牛才能受胎成功，即称为性成熟。性成熟的标志是机体能够产生成熟的生殖细胞，公牛从产生成熟的精子开始，母牛从第 1 次发情并排卵开始。母牛性成熟出现的早晚，除受内源激素的作用外，还与外在因素有关，如生态环境、品种、个体的差异等。母牛性成熟一般在 8～14 月龄，公牛一般在 9 月龄。

母牛的最佳初配年龄：公母牛虽然已达到性成熟年龄，生殖器官也已经发育完全，具备了正常的繁殖能力，但是身体的生长尚未完成，故还不宜配种，以免影响母牛自身和胎儿的生长以及以后的生产性能。一般性成熟后 4～7 个月再进行配种较为适宜。初配年龄以 15～18 月龄为最佳。

五、奶牛的生殖激素

动物的生殖是一个非常复杂的生理过程，体内的许多激素都与生殖直接或间接有关，但生殖激素通常只指那些直接作用于生殖活动，与生殖机能关系密切的激素。它们调节和控制着动物的生殖全过程，是动物繁殖不可或缺的激素。随着现代养牛业的发展，利用外源生殖激素控制奶牛的繁殖过程，已显示出广阔的前景。各类生殖激素的来源和主要生理作用见表 5 - 1。

表 5-1 生殖激素的种类、来源及主要功能

种类		名　称	英　文	主要作用
神经激素		促性腺素释放激素	GnRH	促进垂体前叶释放促黄体素（LH）及促卵泡素（FSH）
		促乳素释放因子	PRF	促进垂体前叶释放促乳素（PRL）
		促乳素抑制因子	PIF	抑制垂体前叶释放促乳素（PRL）
		促甲状腺素释放激素	TRH	促进垂体前叶释放促甲状腺素（TSH）和促乳素
		催产素	OXT	促进子宫收缩、排乳
		松果腺激素		抑制性腺发育，将外界光照刺激转变为内分泌信息
促性腺激素	垂体促性腺激素	促卵泡素（卵泡刺激素或促卵泡成熟素）	FSH	促使卵泡发育成熟，促进精子发生
		促黄体素（间质细胞刺激素）	LH(ICSH)	促使卵泡排卵，形成黄体，促进孕酮（雄激素）分泌
		促乳素（催乳素或促黄体分泌素）	PRL(LTH)	刺激乳腺发育及泌乳，促进黄体分泌孕酮
	胎盘促性腺激素	（人）绒毛膜性腺激素	hCG	与 LH 相似
		孕马血清促性腺激素	PMSG	与 FSH 相似
性原激素		雌激素（雌二醇为主）		促进发情，维持第二性征，促进母牛生殖管道发育，增强子宫收缩力
		孕激素（孕酮为主）		与雌激素协同调节发情，抑制子宫收缩，维持妊娠，促进子宫腺体及乳腺泡发育
		雄激素（睾酮为主）		维持公牛的第二性征和性欲，促进副性器官发育及精子发生
		松弛素		分娩时促使子宫颈、耻骨联合、骨盆韧带松弛
		抑制素		参与性别分化、抑制 FSH 分泌等
其他		前列腺素	PG	溶黄体、促进子宫平滑肌收缩等作用

第二节　奶牛的发情过程

一、初情期与性成熟

1. 初情期与性成熟的概念　犊牛生殖器官的生长发育与体躯的生长同步进行，到 6 月龄前后，生殖器官的生长速度明显加快，逐渐进入性成熟阶段。此时，各生殖器官的结构与功能日趋成熟完善，性腺能分泌生殖激素，公牛睾丸能产生成熟的精子，母牛卵巢基本上发育完全，开始产生具有受精能力的卵子，并出现发情。这种现象称为性成熟，此时牛的年龄即为性成熟期。动物的性成熟有一个发展过程，小母牛出现第一次发情的时期称为初情期。牛生殖器官发育和生殖机能受其内分泌控制。随着机体的生长发育，下丘脑开始分泌促性腺激素释放激素，促进垂体前叶分泌促卵泡素（FSH）和促黄体素（LH）。在母牛，促卵泡素促进卵巢中的卵泡生长和分泌雌激素；促黄体素促进卵巢中成熟卵泡排卵、黄体生成、分泌孕酮。雌激素促进母牛生殖道的成熟和性行为表现，也能使乳腺导管加速增长。在公牛，促卵泡素促进精细管的增长与精子生成，促黄体素又称间质细胞刺激素，刺激睾丸间质细胞合成和分泌睾酮，对睾丸的发育和精子的最后成熟起着决定作用。

2. 影响牛性成熟的因素　母牛的体重是影响性成熟的主要因素。良好的饲养可大大促进牛的生长和增重。有研究表明，喂高能量水平饲料的育成牛在 7～10 月龄达到初情期，比喂能量低的饲料牛的初情期提前了 6～9 个月。小型乳牛品种达到初情期的年龄较大型者为早。各种奶牛品种第 1 次发情的年龄：娟姗牛为 8 月龄，更赛牛为 11 月龄，荷兰牛为 11 月龄，爱尔夏牛为 13 月龄。一般说来，在相同条件下，母牛性成熟较公牛提前 2～4 个月。

二、体成熟与适配年龄

所谓体成熟是指公母牛骨骼、肌肉和内脏各器官均已基本发育完成，而且具备了成年时固有的形态和结构。因此，公母牛性成熟并不意味着配种适龄。因为在整个个体生长发育过程中，体成熟期要比性成熟期晚得多；如果育成公牛过早地交配，会妨碍它的健康和发育；育成母牛交配过早，不仅会影响其本身的正常发育和生产性能，而且还会影响到幼犊的健康。因此，育成母牛达到5～6月龄时，就应与育成公牛分群饲养，以免过早交配。育成牛的生长发育速度因受品种、饲养管理、气候和营养等因素的不同而不同，其初配年龄一般根据其体重来确定。试验证明，育成母牛的体重达到成年母牛体重的70%，才可进行第1次配种，一般大型奶牛为350～420千克。达到这样体重的年龄，饲养条件好的早熟品种为14～16月龄；饲养条件差的晚熟品种为18～24月龄。为了育种工作的需要，后裔测定的育成公牛现都从12～14月龄开始采精。育成母牛也有提前交配产犊的趋势，一般多在14～16个月配种，23～25个月产犊。这是加快遗传进展，节省劳力和降低成本，以充分发挥生产潜力的措施之一。但是，育成母牛能否提前配种，应根据其生长发育和健康状况而定，只有发育良好的育成母牛才可提前配种。

三、发情时机体的变化

1. 卵巢的变化　母牛发情开始前，卵巢卵泡已开始生长，至发情前2～3天卵泡发育迅速，卵泡内膜增生；到发情时卵泡已发育成熟，卵泡液分泌不断增多，使卵泡容积增大，卵泡壁变薄并突出于卵巢表面，在激素作用下卵泡壁破裂，致使卵子被挤压而排出。

2. 生殖道的变化　发情时，卵泡分泌的雌激素增多，从而强烈刺激生殖道，使血流量增加，母牛外阴部表现为充血、水肿、松软，阴蒂勃起。阴道黏膜也充血、潮红、湿润，且有黏液分泌。子宫颈口松弛、开张并充血肿胀。上述症状在发情盛期最明显，在早期和末期均表现较弱，并于发情结束后消失。输卵管上皮细胞增生，上皮细胞纤毛蠕动增强，管腔扩大，分泌液增多，输卵管伞充血肿胀，并靠紧卵巢。子宫黏膜上皮细胞和子宫颈上皮杯状细胞增生，腺体增大延长，并分泌黏液，黏液通过阴道排出体外。发情早期黏液量少，盛期黏液量增多且稀薄透明，末期变浓稠且量少。这些变化为精子通过、运动、受精及胚胎附植创造了条件。排卵后，由于雌激素水平迅速下降，生殖道和子宫黏膜血管收缩、破裂，造成血液外渗，因此发情结束后有一部分母牛从阴门排出少量血液。

3. 行为的变化　发情早期，母牛表现为性兴奋状态，对外界刺激反应敏感，常鸣叫、举尾拱背、频频排尿、食欲减退，泌乳母牛泌乳量有突然减少或增加现象，放牧母牛常离群独自行走。发情旺期，母牛有性欲表现，接受其他牛爬跨并屡屡爬跨其他牛。发情末期，以上症状逐渐减弱，最后消失。

四、发情周期

奶牛的发情周期也被称为性周期，奶牛到了初情期后，生殖器官以及整个生理机能都发生了一系列的周期性变化，这种变化周而复始，一直到性机能活动停止为止。这种周期性的活动就是发情周期。发情周期的计算是指从这一次发情期开始到下一次发情开始的间隔时间。一般情况下，奶牛的发情周期为21天左右，青年奶牛的发情周期一般比成年牛短，为17～19天，老年体弱的奶牛发情周期偏长，一般在23～26天。

奶牛的发情周期：一般按四期分法和二期分法计算。四期分法是根据奶牛性欲以及生殖器官的变化，将发情期分为发情前期、发情期、发情后期和间情期4个阶段。二期分法是根据卵巢组织的变化以及有无卵泡发育和黄体存在，将发情周期划分为卵泡期和黄体期。

五、异常发情

母牛的异常发情多见于初情期后，性成熟期前以及发情季节的开始阶段，营养、饲养以及环境温度的突然变化均可引起异常发情。常见的异常发情有安静发情、孕后发情、短促发情、断续发情和慕雄狂等。

1. 安静发情　也称安静排卵，即母牛并不表现发情症状，但卵泡能发育成熟并且排卵。这种情况较为常见，主要可能是生殖激素分泌不平衡所致，这期间如果能及时配种，母牛也能怀孕。

2. 孕后发情　是指母牛在怀孕后仍有发情的表现。其原因复杂，但主要认为是由于激素分泌失调所致。

3. 短促发情　母牛的发情期短，如果不仔细观察，经常错过配种时期。其主要原因可能是由于发育卵泡很快成熟破裂而排卵，缩短了母牛的发情期，也有可能由于卵泡停止发育或发育受阻所致。

4. 断续发情　母牛的发情时断时续，整个过程延续很长时间。这是由于卵泡交替发育所致，先发育的卵泡中途退化，新的卵泡又再发育，因此产生了断续发情的现象。当其转入正常发情后配种也可以怀孕。

5. 慕雄狂　母牛表现为持续而强烈的发情行为，发情期的长短也没有规律，周期不正常，这时配种不能受胎。母牛慕雄狂的发生原因与卵泡囊肿有关。

六、排卵时间

奶牛是自发性排卵动物，卵巢上的卵泡成熟后便自发排卵。奶牛一般每次只排 1 个卵子，只有少数一次排 2 个卵子的。奶牛的排卵时间一般认为是在发情结束后的 10～15 小时，如果从发情前期来计算，为 28～32 小时；如果从发情"静立"时计算，则为 16～21 小时。

七、发情鉴定

准确地进行奶牛的发情鉴定是适时配种的必要前提条件。通过发情鉴定，可以判断母牛是否正常，发情处于什么阶段，是否为准确受精时间。发情鉴定方法很多，通过外部观察来判断发情是目前普遍采用的方法，其要点是做到"四观察"。

1. 观察精神状态　发情期的母牛非常敏感，容易躁动，不喜躺卧。神色异常，有人靠近时回头凝视，寻找其他发情母牛。活动量是平时的几倍，闻其他母牛的外阴并相互摩擦牛臀部。

2. 观察其爬跨动作　在奶牛群中，发情的牛经常追逐爬跨其他母牛或是接受其他牛的爬跨。刚开始发情时，母牛对其他牛的爬跨经常是不太爱接受。随着发情的深入，有较多的母牛跟随闻其外阴部，但发情母牛不闻其他牛的外阴，并开始接受爬跨，或开始追逐爬跨的牛。"静立"是母牛发情的重要标志。母牛的发情有时在夜间发生，白天不易被发现，等到次日早晨发现时该牛已经处在安静状态（发情后期），但仔细观察可发现牛臀部、尾根部有被爬跨造成的痕迹或秃斑，有时有蒸腾状，体表潮湿。

3. 观察其外阴部　牛发情开始后，阴门会稍显肿胀，表皮细小皱纹消失变平展，随着发情的深入，进一步表现为肿胀潮红，原来大的皱纹也逐渐平展；发情高潮过后，阴门肿胀及潮红将出现退行性变化；发情结束后，外阴部红肿现象直到排卵才会逐渐恢复正常。

4. 观察黏液　在发情中黏液的变化特点是，发情开始时量少、稀薄、透明，此后发情牛分泌的黏液开始增多，黏性变强，潴留在阴道和子宫颈口周围；到发情的旺盛期，由子宫排出的黏液牵缕性强，粗如拇指；到发情后期，流出的透明黏液中混有乳白丝状物，黏性减退，牵之可以成丝，奶牛躺卧时，易观察到黏液"吊线";发情末期,黏液变为半透明,其中夹有不均匀的乳白色黏液,最后黏液变为乳白色,状如炼乳且量少。

除上述的外部观察母牛发情外,还可以通过阴道检查或直肠检查来鉴定母牛是否发情。直肠检查主要是通过卵巢上卵泡发育来判断牛的发情情况。发情前期,母牛卵巢表面上有光滑的软点,但不明显,随着发情进入高潮,卵泡液增多,体积变大,表面光滑且有张力,到高潮期,卵泡体积增大,但软点加大,皮薄而波动,但张力不大;再到后期,卵泡向成熟的葡萄一样,有一触即破的感觉,此时是最佳的配种时期。

第三节 奶牛人工授精技术

一、输精时间的确定

奶牛的发情周期平均为 21 天左右,发情持续期较短,大约 20 小时,排卵一般发生在发情结束后 10～16 小时,因此,准确的发情鉴定,适时输精是提高受胎率的有力保证。奶牛输精的实践表明:在母牛接受爬跨(即站立发情阶段的末期或发情后期的开始阶段);卵泡发育期的后期或卵泡成熟期输精可获得最佳的受胎效果。从母牛接受爬跨开始到排卵后的这段时间输精的不返情率表明,在母牛接受爬跨第 8 至 24 小时输精的受胎率最高。输精人员应掌握以下规律:母牛在早晨接受爬跨,应在当天下午输精,若次日早晨仍接受爬跨则应再输精 1 次;母牛下午或傍晚接受爬跨,可推迟到次日早晨输精。如果输精员由本场人员担任,一般在第 1 次输精后 12 小时进行第 2 次输精。如果是个体饲养的小群奶牛,输精时间应更灵活些。

二、输精部位和输精次数

1. 输精部位   大量试验证明,采用子宫颈深部、子宫体、排卵侧或排卵侧子宫角输精的受胎率没有显著差异。当前普遍采用子宫颈深部（子宫颈内口）输精。

2. 输精次数　冷冻精液输精，除母牛本身的原因外，母牛的受胎率主要受精液质量和发情鉴定准确性的影响。若精液质量优良，发情鉴定准确，1 次输精可获得满意的受胎率。由于发情排卵的时间个体差异较大，一般掌握在 1～2 次为宜。盲目地增加输精次数，不但不能提高受胎率，有时还可能造成某些感染，发生子宫或生殖道疾病。

三、输精方法

输精方法有开张器输精和直肠把握输精两种。

1. 开张器输精法　借助开张器将母牛的阴道扩大，借助一定的光源（手电筒、额镜、额灯等）找到子宫颈外口，把输精管插入子宫颈 1～2 厘米处，注入精液，随后取出输精管和开张器。此法虽然简单、容易掌握，但输精部位浅，易感染，受胎率低。因此，在 20 世纪 70 年代以前就基本上淘汰不用了。

2. 直肠把握子宫颈输精法　是指用左手或右手深入直肠把握子宫颈，用另一只手握住输精器，进行左右手配合输精的过程。正确的直肠把握子宫颈输精的操作要点如下：

先用手轻柔的触摸母牛的肛门，使肛门肌肉松弛，手臂缓缓地伸入母牛直肠，掏出粪便。要避免空气进入直肠引起直肠膨胀。用手插入子宫颈的侧面，伸入宫颈下部，然后用食、中、拇指握住子宫颈。输精器以 35°～45°角向上伸入分开的阴门前庭后，略向前下方伸入阴道宫颈段。在输精器接近子宫颈的外口时，用把握子宫颈的手向阴道方向牵拉子宫颈，使之接近输精器的前端，而不是用力将输精器推向子宫颈，要凭手指的感觉将输精器导入子宫颈。当输精器前端通过子宫颈不规则排列的褶皱时，要特别注意输精手法，可用改变输精器前进方向、回抽、摆动、滚动等操作技巧，使输精器前端通过子宫颈，而不能以输精器硬戳的方法进入。精液的注入部位是子宫体与子宫角的结合部。在确定注入部位正确后注入精液。如果技术熟练，可将精液注入排卵一侧的子宫角大弯部。输精结束后，缓慢地取出输精器，并取输精器上残留的精液进行镜检以确保输入的是具有活力精子的精液。

直肠把握子宫颈输精法是国内外普遍采用的输精方法，具有用具简单，不易感染，输精部位深和受胎率高的优点。其受胎率比开张器法高出10%～20%，大幅度提高了奶牛的繁殖率和经济效益。同时，借助直肠触摸母牛子宫和卵巢的变化，也可进一步判断发情或妊娠情况，防止误配或造成流产。授精员的授精技术对受胎率有很大影响，有经验的人工授精员可取得最佳的受胎效果。炎热天气时，母牛的发情时间较短，全天输精都有效。在这种条件下，奶牛饲养者自己进行人工授精操作往往可获得较好的效果，而受过一定人工授精技术培训是获得最佳效果的保证。为了获得良好的受胎效果，精液应贮存于可定期检查的容器内。

四、产犊到第 1 次输精最佳间隔的确定

虽然产犊后首次输精时间提早可使母牛妊娠的时间提前，但产犊后过早配种也并非明智之举，因为：①母牛产后泌乳早期需要一段时间恢复身体；②一产青年母牛在下次妊娠前尚未完成自身的发育；③产后早期妊娠率很低；④实践证明，奶牛的产犊间隔少于 365 天并非有利；⑤更重要原因是产后过早配种其泌乳期达不到 305 天。因此，许多生产者都把高产牛产后第 1 次配种的时间控制在产后 85～95 天。

五、母牛的再配种

不是所有的输精都能成功使母牛怀孕，有时经多次输精仍不能使母牛怀孕；有些虽然能正常怀孕，但有时会在怀孕后发生胚胎死亡和流产。通常把在妊娠初期 42 天以内的妊娠失败称胚胎

死亡；妊娠 43～151 天的妊娠中断称胎儿死亡；而把在此以后发生的妊娠中断称流产。胚胎死亡可能无任何明显外部症状，因此，母牛输精后继续进行发情观察是十分重要的。特别是对输精 3 周后无发情表现而被认为妊娠的母牛更应多加注意。对输精 3～6 周的母牛也应继续观察，发现返情，应及时输精，以避免时间和经济的浪费。最后一次输精经 6～8 周若无任何发情表现，应该进行妊娠诊断。如果经多次输精仍不妊娠，就应及时将母牛淘汰。若牛群中有多头母牛出现类似问题，应及时检查和处理。实践证明，上述问题常常是管理不善所致。

第四节　妊娠诊断技术

奶牛妊娠的临床诊断方法包括外部检查和内部检查两大部分。

一、外部检查

（一）问诊

问诊在医学临床和妊娠诊断上有重要意义，忽视问诊会大大限制我们的思考或分析空间。在缺乏特异性诊断方法时，综合诊断就显得十分重要，通过问诊可以最大限度地帮助我们了解动物目前的生理状况，也可以帮助我们确定相应的诊断方法。妊娠诊断时应注意询问以下内容：

1. 最后一次配种日期　不同的妊娠阶段动物生殖器官及体态的变化各有不同，通过询问最后一次配种时间，我们就可以确定相应的检查项目和检验方法。例如，对牛通过直肠检查进行妊娠诊断时，在怀孕 21 天以内，主要靠检查卵巢上的黄体状态来进行妊娠诊断；21 天以后，可通过检查子宫角形态来确诊妊娠；5 个月以后，我们就可以通过直肠触摸子叶、胎儿及子宫中动脉等内容进行妊娠诊断。

2. 最后一次配种后是否再发情　如果最后一次配种后再未发情，则说明该动物可能怀孕；如果曾多次发情，则为没有怀孕。

3. 过去配种、受胎及产后情况　通过询问了解母牛过去配种、受胎及产后情况，可以对母牛的繁殖器官状况及性能做评估，为妊娠诊断提供既往的参考资料。

4. 食欲、膘情及行为方面的变化情况　母畜怀孕后一般会性情变温驯，喜静恶动；食欲显著增加；在怀孕前半期膘情明显好转、被毛变得光亮。这些都是怀孕的一种表现，相反则可能没有怀孕。

5. 乳房及腹围变化情况　动物怀孕后，随着妊娠时间的延长，其乳房和腹围会逐渐变大。

（二）视诊

视诊内容也是妊娠诊断的重要参考资料。妊娠诊断时，视诊主要包括：是否有胎动；腹围是否变大，下腹壁是否有水肿；乳房是否胀大、水肿。

（三）触诊

就是用手隔着腹壁去触摸胎儿，能触摸到胎儿则认为怀孕，否则认为未怀孕。此妊娠诊断方法一般适用于妊娠中后期的妊娠诊断，其触诊部位和方法也因动物不同而有所不同。牛的触诊部位一般在右侧膝褶前方，多用振荡的手法进行触诊。

（四）听诊

就是通过听胎儿心音来判定动物是否怀孕。此方法多用于奶牛这类大家畜，听诊时间在妊娠后半期。听诊要耐心认真，否则不易听到。

二、内部检查

内部检查包括阴道检查和直肠检查。

（一）阴道检查

阴道检查是通过观察阴道黏膜色泽、阴道黏液性状及子宫颈外口变化来判定动物是否怀孕的一种临床诊断方法。阴道检查只能作为一种辅助诊断方法。当动物子宫颈、阴道存在病理变化及有持久黄体存在时，易导致误诊、误判。

1. 阴道检查的操作方法　①保定动物。②固定动物尾巴，对器械、手臂及动物外阴部进行清洗消毒。③转动开膣器，使开膣器裂和阴门裂吻合，打开开膣器，观察阴道黏膜、阴道黏液及子宫颈变化，可用人工灯光照明。④检查完毕，闭合开膣器后将其抽出。

2. 阴道检查内容　奶牛怀孕后，阴道黏膜苍白、干涩，阴道黏液量少而黏稠。子宫颈口紧闭，子宫颈口内及附近黏液黏稠、量少。

（二）直肠检查

直肠检查是牛和马妊娠诊断上常用的一种诊断方法。隔着动物直肠壁，通过用手触摸动物卵巢上有无黄体、子宫变化、子宫颈变化、有无妊娠动脉、子宫位置、胎儿等情况来判断是否妊娠的一种妊娠诊断方法。

牛直肠妊娠检查的方法和步骤：保定好牛体，固定好尾巴。术者戴上一次性长臂手套。手指集拢成圆锥状，涂以润滑剂，缓缓插入牛肛门，牛努责时停止不要用力，不努责时徐徐前进。先摸到子宫颈，再向下滑找到角间沟，然后向前、向下触摸子宫角。摸过子宫角后，在子宫角尖端外侧下方寻找卵巢，然后触摸卵巢。

（三）牛直肠妊娠检查的内容及判定

牛妊娠 20～25 天，排卵侧卵巢上有突出于表面的妊娠黄体，卵巢的体积大于对侧，两侧子宫角无明显变化，触摸时感到子宫壁厚而有弹性。牛妊娠 30 天，两侧子宫角不对称，孕角变粗、松软、有波动感、弯曲度变小，而空角仍维持原有状态。用手轻握孕角，从一端滑向另一端，似有胎泡从指间滑过的感觉，若用拇指和食指轻轻提起子宫角，然后放松，可感到子宫内似有一层薄膜滑开，这就是尚未附植的胎囊。牛妊娠 60 天，孕角明显增粗，相当于空角的 2 倍。孕角波动明显，子宫角开始垂入腹腔，但仍可摸到整个子宫。牛妊娠 90 天，子宫颈被牵拉至耻骨前缘，孕角大如排球，波动感明显，空角也明显增粗，孕侧子宫动脉基部开始出现微弱的特异搏动。牛妊娠 120 天，子宫及胎儿全部沉入腹腔，子宫颈已越过耻骨前缘，一般只能触摸到子宫的局部及该处的子叶，如蚕豆大小，子宫动脉的特异搏动明显。此后直至分娩，子宫进一步增大，沉入腹腔，子宫动脉变粗，并出现更明显的特异性搏动，用手触及胎儿，有时会出现反射性的胎动。

第五节　奶牛分娩以及产后护理技术

奶牛分娩及产后期的护理直接关系到奶牛生殖系统机能能否正常恢复，产奶性能能否正常发挥及犊牛能否正常生长发育。本处所说的分娩期是指奶牛出现临产症状到分娩后胎衣正常排出的时期；产后期是指分娩后到生殖器官的形态和机能恢复到能够再次妊娠的时期，一般不超过 55 天。

在产后期中，母牛整个机体，尤其是生殖器官承受着剧烈的应激反应，这时机体对疾病的抵抗力大大降低。同时，经过分娩过程，牛产道存在着许多残衰性创伤，子宫颈尚未关闭，宫腔内积聚着大量恶露，子宫黏膜新上皮还没有形成。这些都给病原微生物的侵入和繁殖提供了有利条件，如果此时管理不当，母牛极易被细菌感染，不仅直接影响到其产后繁殖机能的恢复和生殖器官的复旧，而且会导致一系列生殖系统疾病或其他并发症，甚至造成繁殖障碍。所以，在生产实践中，对奶牛在分娩时期和产后期的饲养管理必须科学合理。

一、分娩护理技术

根据奶牛的预产期，应在临产前准备好产房，给母牛分娩提供清洁安静的环境，保证奶牛安全分娩。产房应实行常规消毒制度，搞好牛床、牛体卫生，发现孕牛有临产症状时，及时用高锰酸钾液或新洁尔灭清洗母牛后躯、肛门、外阴和尾部。

正常情况下应保证母牛自然分娩。但在生产实践中，大部分母牛需要助产，尤其是初产牛。母牛分娩时，胎儿两前肢首先露出，如母牛用力多次，长时间不能分娩出胎儿，则需助产，如能将羊水等分娩液接入盆中待母牛分娩后饮用最好。助产时一人或两人握住犊牛前肢，另一人扒住母牛外阴，用力将胎儿拉出，但应防止产道损伤和人为感染。胎儿产出后，要立即将其口鼻中的黏液清除干净；脐带一般可自行扯断，也可在距犊牛腹部 $10 \sim 15$ 厘米处将脐带中液体往两侧挤压后钝性撕断。

分娩后母牛饮尽分娩液后立即舔犊，所以犊牛落地时应采取措施保证犊体干净。有很多养牛户为了防止母牛恋犊和犊牛偷奶，不让母牛舔犊，这种做法不可取。分娩后应在 2 小时内让犊牛吃到初乳。胎衣数小时后可自行排出，如超过 12 小时则需要手术剥离，尤其是炎热季节。

如胎儿两后肢首先产出（倒胎位），可用同样方法助产，不属于难产。

二、产后期护理技术

奶牛分娩结束后，观察母牛全身状况，还应重点监视母牛有无强烈努责，产道有无损伤、出血，发现有强烈努责时，应采取措施防止子宫内翻或脱出。母牛分娩后，生殖道内排出大量分泌物，牛体非常容易黏附污染物，所以牛床和牛体要经常清洗消毒，更换垫草，防止自然感染。在饲料搭配中应注意添加骨粉等含钙成分，尤其是高产奶牛。

产后 $10 \sim 14$ 天注射促黄体素释放激素，可以促进产后母牛卵巢机能的恢复，促进排卵，减少产后母牛卵泡囊肿的发生，缩短产犊间隔，提高繁殖率。

产后 10～30 天，注射前列腺素或类似药物，可以防止产后感染，加速子宫复旧过程，提高产后第一情期受胎率。

在产后期内，使用小剂量的雌激素，有助于防止母牛感染，并促进子宫复旧。在治疗产后感染时，应尽量避免使用消毒剂，因为消毒剂能抑制子宫的防御作用。母牛产后切忌使用带有赋形物的丸、片剂抗生素，因这些物质在子宫内难于溶解。

第六节　分娩与接产技术

一、决定分娩过程的要素

分娩过程能否顺利完成，主要决定于母牛的产力、产道和胎儿 3 个因素。在分娩过程中，如果这 3 个因素正常，而且三者之间能相互适应，就可保证分娩正常完成，否则就可能导致难产。产力由阵缩和努责这两种力量构成，它对分娩过程中胎儿的顺利产出起着十分重要的作用。阵缩是子宫壁的纵行肌和环形肌发生的蠕动性收缩和分节收缩。动物的分娩过程启动后就随之出现阵缩，当胎衣排出后阵缩停止。

二、奶牛分娩管理技术

1. 对临产的奶牛，应用消毒药水洗净其后臀、外阴和乳房，用绷带缠尾并系于一侧。换上清洁柔软的垫草，保持环境安静。

2. 分娩后要尽早驱使奶牛站起，以减少出血，也有利于生殖器官的复位，为防子宫脱出，可牵引奶牛缓行 15 分钟左右，以后逐渐增加其运动量。应注意胎衣排出情况，经过 24 小时仍不脱落的，按胎衣滞留处理。胎衣脱落后要注意恶露的排出情况，及时处理恶露闭塞现象。

3. 奶牛分娩后 0.5～1 小时，要喂温热麸皮盐水汤（麸皮 1.5～2 千克，食盐 100～150 克），以补充分娩时体内水分的损失，增加腹压，利于胎衣的排出。

4. 产犊的最初几天，若奶牛乳房水肿，高产奶牛此时绝不能将奶全部挤净，否则会因乳房内压的显著下降，致使微细血管渗漏现象加剧，血钙、血糖大量流失，进一步加剧乳房水肿，引起高产奶牛的产后瘫痪，甚至造成死亡。一般是产后第 1 天只挤 2 千克左右，够犊牛吃即可，第 2 天每次挤泌乳量的 1/3，第 3 天每次挤泌乳量的 1/2，第 4 天后可挤净。对于低产母牛和产后乳房没有水肿的母牛，产犊后的第 1 天就可将奶挤净。

5. 奶牛产后若同时喂饮温热益母草红糖水（益母草 500 克，加水 10 千克，煎成水剂后加红糖 500 克），每天 1～2 次，连服 2～3 天，对奶牛恶露排净和产后子宫复原有促进作用。

三、奶牛分娩过程及产道检查

在奶牛分娩过程中，把握难产检查时机、适时科学助产、减少生殖器官感染（损伤）、防止犊牛窒息，是奶牛分娩管理的一个重要工作内容。在奶牛分娩过程中，如果过早进行不必要的产道检查，不仅会影响正常的分娩过程，还可导致难产率升高，也会增加母牛产道感染的机会；产道检查不及时，又会危及犊牛的生命安全及母牛本身的安全和生产性能。

1. 奶牛分娩过程及分娩行为表现　奶牛分娩过程是指从子宫开始出现阵缩到胎衣完全排出的全过程。为了描述方便，人为地将其分成 3 个连续的时期，即子宫开口期、胎儿产出期和胎衣排出期。

（1）开口期。也称子宫颈开张期，指从子宫开始阵缩到子宫颈充分开大这一时期。阵缩是分娩开始的标志。奶牛结束妊娠、启动分娩、开始阵缩时，会表现食欲减少或不食、轻度不安。对照预产期，这时我们就可确定奶牛开始分娩。大多数情况下，我们会将此牛的尾巴系于其颈部，并用消毒液将其后躯进行清洗、消毒，然后将母牛转入产间或产房的运动场让其自然分娩，并进行分娩观察。这时我们会观察到，子宫阵缩（子宫节律性收缩）

可引起母牛一阵阵腹痛和不安，从而表现不食、哞叫、躁动不安、尾根抬起等行为表现。在经历较短时间的不安后，大多数分娩母牛会寻找一安静的地方，独自低头呆立，若有所思，这是对阵缩所造成的腹疼耐受性进一步升高的表现。在这一阶段，通过子宫的收缩（阵缩），要达到使子宫颈口完全开张的目的。另外，开口期子宫的阵缩对胎儿的胎位、胎势还有一定的微调作用。在开口期没有努责（腹肌和膈肌收缩），所以我们观察不到奶牛腹壁因努责而出现的大幅度起伏。对奶牛而言，完成这一阶段需要2～8小时。当然个体间也有一定差异。一般初产牛表现明显、时间较长，经产牛外部表现相对弱一些、持续时间短一些。这一阶段没有必要进行产道检查，如果进行产道检查其结果只会干扰母牛正常分娩、增加生殖道感染几率、人为提高难产率。

（2）产出期。也称胎儿产出期，是从子宫颈口充分开大、胎囊及胎儿的前置部分进入阴道，到胎儿排出这一时期。努责出现是产出期开始的标志性征兆，也是胎囊或胎儿进入阴道的标志。当胎囊及胎儿的前置部分进入阴道后，阴道壁上的神经感受器会将这一信息及时反馈给中枢神经系统，从而腹肌和膈肌开始收缩（努责），阵缩加强，以达加速分娩的目的。阵缩的加强和努责的出现，进一步加重了腹痛。这时母牛会呈现极度不安，来回走动、时起时卧，前蹄刨地、个别后蹄踢腹，回顾腹部，拱背努责。随后大多母牛会选择半侧卧姿势卧地努责、进行分娩。卧地分娩可加大母牛努责的力量，也有利于骨盆的扩张。

随着努责及分娩过程的继续，当胎儿头部通过骨盆腔出口时，大多数分娩牛会侧卧于地，四肢伸直，强烈努责，此时母牛会表现出极度不安，甚至会出现四肢或肌肉颤抖、眼球震颤等现象，这是母牛分娩过程中表现最为痛苦的时刻，预示着此时胎头的最宽处正在经过骨盆腔的狭窄部。经过强烈的侧卧努责，当胎头或后躯的最宽部通过骨盆腔的最狭窄部后，大多数母牛会站立起来，休息片刻，然后继续卧下（半侧卧）努责，直到最后完成分娩。强烈侧卧努责后的起立、片刻休息，及随后的相对安静的半侧卧努责分娩行为告诉我们，母牛分娩最困难的时期已经过去。对奶牛而言，从子宫颈口完全开张到产出胎儿，一般需要3～4小时。在产出期中，人为的干扰会造成母牛产力衰竭，当然也会增加生殖道感染几率、造成人为难产。从开始启动分娩到产出胎儿，一般需要5～12小时。一般来说，初产牛所用的时间要长一些，表现也要强一些。

（3）胎衣排出期。从胎儿排出到胎衣排出这段时间就是胎衣排出期。胎儿排出后母牛则安静下来，努责消失，子宫也会短暂休息几分钟，随后子宫又会开始阵缩（有些分娩牛在这一时期还伴有轻度的努责），以便将胎衣在一定时间内排出体外。

2. 产道检查

（1）不宜进行产道检查的几种情况。分娩是母牛的正常生理过程，需要充足的时间作保证，这个生理过程包括开口期（2～8小时）、产出期（3～4小时）。在奶牛的分娩过程中过早的进行产道检查，增加了生殖系统的感染几率、增加了兽医的无为劳动，还会人为地使难产率升高；但如果延误了检查时机，又会给母子的生命安全带来危险。所以，分娩过程中产道检查必须掌握适宜的时机，分娩行为表现是我们确定难产处理时机的主要依据。分娩过程中的产道检查并非越早越好，时机恰当十分重要。下面的3种情况应避免进行产道检查：分娩开始后5小时内胎儿尚未产出，不必进行产道检查；分娩过程母牛行为表现与正常行为表现相一致，不必进行产道检查；头水（尿水）破后不足1小时，不宜做产道检查。

（2）适宜进行产道检查的情况。分娩牛出现难产征兆时就必须进行产道检查，并根据情况采取相应的助产措施，这样才能达到确保母体健康、保证母体繁殖性能不受影响、挽救胎儿生命的目的。难产征兆：分娩时间过长，胎儿仍未露出阴门，如分娩超过8小时；分娩过程中母牛行为表现异常；努责微弱或停止；

"头水"流出 1 小时仍未产出胎儿；阴门外只露出一条腿；阴门外露出的二条腿明显一长一短；阴门外露出的二条腿掌心朝向相反；较长时间在阴道外只能看见二前肢而不见胎儿的嘴、头；只看见胎儿的嘴或头而看不见前蹄；胎水异常，如胎水腐败等；阴门外露出三条腿；胎位异常。出现上述情况中的任何一种情况时，必须立即进行产道检查，以便确定具体情况，采取相应的处理措施，否则会贻误产道检查和助产的时机。

四、奶牛剖宫产

奶牛分娩开始 15 分钟以后，如果产犊过程没有进展，且犊牛个体较大，则应进一步助产，助产时应一条腿一条腿地拉，直到肩膀通过产道。如果两条腿及鼻子已出来，则只要拉一下，犊牛就能安全出来。

如果在 10 分钟之内不能把胎儿两臂拉入骨盆腔，且犊牛仍然活着，则应立即考虑施行剖宫产。检查犊牛是否还活着的最佳方法是触摸一下看其心脏是否还在跳动。也可以捏一下犊牛的舌头或摸一下其眼睛，看其有没有反应，如有反应，则说明犊牛还活着。有时如果犊牛露出的部位处于特别肿胀状态，则触摸时可能没有反应，因而只有当检查后确信犊牛已经死亡时才可以将犊牛切割后取出。当犊牛倒生时，应仔细触摸一下脐带，如仍有血液在流动，说明犊牛仍活着，应立即准备施行剖宫产。

准备施行剖宫产时应选择一块奶牛能被舒适地拴起来的干净场所，手术成功的关键是要尽可能保持手术过程无菌，手术器械应经过高压锅消毒，并应使用抗菌肥皂进行手术区域和兽医人员手臂的清洗、消毒。

手术器械：一把手术刀柄、一把剪刀、一把组织镊子、一把持针钳，以及用于缝合子宫、肌肉和皮肤的各种针、线。

具体操作过程：

1. 准备好各种经过高压锅消毒的器械。

2. 把奶牛拴系在干净场所。

3. 手术区剃毛，从第 12 根肋骨开始到腰角，上到腰，下到肋部。

4. 用抗菌肥皂、碘溶液清洗剃毛区域 3 次。

5. 用 2% 普鲁卡因、利多卡因进行麻醉。

6. 再次清洗剃毛区域，且清洗时一定要从手术区开始，慢慢向外清洗。用酒精冲洗整个剃毛区，最后用碘酒擦一下手术区域。

7. 兽医人员的手、臂也应用同一种抗菌肥皂进行清洗，且在整个手术过程中不应接触任何未经消毒过的物品。

8. 剖宫手术方法有多种，此处我们只讨论奶牛站立时从肋部实施的剖宫。切口为垂直的，接着就能看到腹腔，兽医人员就能触摸到孕角，犊牛就在孕角里面。这时兽医（手术者）应仔细触摸一下犊牛的后腿，尤其是犊牛的飞节，然后把它转到手术切口，切开子宫。如果犊牛在右边的子宫角，很难将其拉到腹部切口，或者犊牛倒生，手术时很难将前肢拉出，在这些情况下选择合适的部位作切口就显得很重要。切口始终应该是连续性的，这样缝合时要容易得多。

9. 子宫的切口长度应该等于犊牛飞节到脚趾的长度，这时抓住犊牛拉出体外。如果有金属链条（或绳子），首先应将其在消毒药水中浸一下。然后助手将犊牛的两后腿系住，以尽可能减少对手术区域的污染。有时子宫切口、肌肉和皮肤的切口不够大，需进一步扩大。剖宫产时应确保子宫不被撕破，因为撕破的子宫很难缝合，且容易出血。

10. 犊牛应朝着母牛的尾部拉出，犊牛的腰角应该是垂直的，与切口平行。

11. 子宫缝合可在助手的协助下进行。子宫应该用可吸收的缝合材料缝两层。如在缝合时能把缝合材料遮盖起来，则可减少粘连的发生。目前通常使用一种称之为"乌特来克"的缝合方法，这是由荷兰的乌特来克大学发明的一种方法。此时，如果不花多大力气就可将胎衣剥下，则应立即将其剥下，胎衣不能留在切口处，否则会影响切口愈合的速度并引起粘连。

12. 术后用消毒水或生理盐水冲洗子宫切口可减少粘连的发生。在加拿大，一些兽医把 100 毫升普鲁卡因青霉素与水混合后倒入奶牛的腹腔，以预防腹膜炎和组织粘连。手术后连续 4 天给奶牛注射青霉素。

13. 然后进行肌肉层的缝合，腹膜和横肌缝合在一起，接着是腹内斜肌、腹外斜肌和皮下层（有些兽医喜欢把腹外斜肌和皮下层缝合在一起）。肌肉层用简单的方式缝合，皮肤层可用简单的连续方式或者用间断方式进行缝合。如果选择用简单的连续方式缝合，则缝线最后应离切口 2.5～3.5 厘米，并应用间断方式打两个结。这使得在切口发生感染时兽医人员可以打开切口排出脓液。

五、新生犊牛疾病

（一）犊牛下痢

1. 病因　初乳喂量不足、不及时，细菌病毒感染，奶温不定，环境温度过低、潮湿等。

2. 症状　粪便稀，体温常升高到 40 ℃以上，食欲减退，粪便中有未消化的乳凝块及饲料，粪便恶臭。

3. 措施　搞好环境卫生，及时吃足初乳，喂奶定量、定温、定时、定人。犊牛发病后应立即减少喂奶量，或停止喂奶，静脉注射糖盐水。每次内服乳酶生 2～3 克，每天 2～3 次，连服 5 天。或痢特灵 0.3～0.5 克，每天 2 次，连用 3～5 天。肌内注射抗生素，静脉注射葡萄糖、复方生理盐水等。

（二）犊牛便秘

1. 病因　没有及时吃足初乳或犊牛体弱。

2. 症状　生后 24 小时不排粪，犊牛努责、弓背、不安，直肠检查有干粪球。

3. 措施　犊牛出生后及时吃足初乳。用石蜡油或植物油300～500毫升直肠灌注，按摩腹部促进胃蠕动。

（三）犊牛脐炎

1. 病因　脐带断后消毒不严格或犊牛相互吸吮脐部，断端感染细菌而引起的化脓性炎症。

2. 症状　脐部周围肿胀、湿润、发热，中央可挤出恶臭脓汁，脐带溃烂。

3. 措施　接产时严格消毒，防止犊牛相互吸吮脐带。排脓，清除坏死组织，消毒清洗脐带。脐部周围皮下注射青霉素。

（四）佝偻病

1. 病因　维生素D不足或缺乏，饲料中钙磷不足或比例不当。

2. 症状　病犊精神沉郁，异嗜，肢体软弱无力，骨骼变形，关节肿大，脊柱、肢弯曲，发育迟缓、消瘦，体温、呼吸、脉搏正常。

3. 措施　加强对妊娠母牛和哺乳母牛的饲养管理，经常补充维生素D和钙盐。牛舍光线要充足，牛要多晒太阳，要多运动，饲料中要有足够的维生素D和无机盐。内服鱼肝油，每天15毫升，肌内注射乳酸钙10克，或维丁胶性钙5毫升，每天1次。

第七节　奶牛常见繁殖疾病及防治技术

一、不　孕　症

1. 先天性不孕

（1）异性孪生。由于两个胎儿的线毛膜血管间有吻合支，较早发育的雄性胎儿生殖腺产生的雄性激素对雌性生殖器官发生作用，抑制了卵巢皮质及生殖道的发育，使母犊的生殖器官发育不全，从而使母犊失去繁殖能力。

防治：无治疗价值，应尽早淘汰，孪生母犊不作留养，以减少牧场损失。

（2）青年奶牛不孕。生殖道畸形，大多表现为子宫未发育，缺少一个子宫角，整个卵巢缺失，单卵巢或无阴道等。临床上触诊时表现为子宫未发育，如两根细管，单卵巢或卵巢未发育，如米粒大小。

防治：建立健全育种体系，规范操作，避免近亲交配。

2. 疾病性不孕

（1）生殖道炎症性不孕。在久配不孕牛中，发现较多为子宫、生殖道炎症引起的不孕。且多数为隐性子宫内膜炎、子宫颈炎及子宫颈增生，很少有输卵炎，除非该牛只有子宫撕裂史。生殖道炎症之所以引起不孕，是由于生殖道发炎危害了精子，卵子及合子，同时使卵巢的机能发生紊乱，从而造成不孕。

对于隐性子宫内膜炎、子宫颈炎及增生的治疗，首次用消毒溶液冲洗子宫，配合中药治疗，间隔 10～15 天，根据观察到的分泌物情况选用青链霉素、庆大霉素、新霉素等抗生素清洗子宫，一般经过 1～2 个疗程，严重的 3～4 个疗程即可。

（2）体成熟过迟引起的不孕。在青年母牛配种时，会遇到满15 月龄，甚至 18 月龄未见母牛发情的情况，检查子宫，卵巢无器质性病变，卵巢质地柔软良好。该类牛多数体况不是很好，体格发育不良。这类牛不孕多数是由于营养不良、饲养管理不当而引起的体成熟过迟造成的。该类牛只往往体内因缺乏黄体素而表现为发情症状不明显或无发情表现。对于该类牛只可通过补充黄体素，促进子宫内膜增生及腺体生长，增强牛只对雌激素的敏感度加以治疗。运用注射黄体酮 100 毫克/次，连用 1 周为 1 个疗程。一般经过 1～2 个疗程即可在卵巢上摸到黄体，再停药 1～2周，可见到母牛开始发情，治愈率达 95％左右。

（3）母体抗精子特异性免疫反应引起的不孕。母牛引起特异性免疫反应的因素在于母牛经过多次授精后引起抗精子的特异性免疫反应。精子一旦与母体个体中的特异性抗体相互作用，其生物学活性将明显下降，失去受精能力，进而引起该类牛长期不孕。对于该类牛，经过临床检查确诊后，对母牛用抗生素清洗子宫体、子宫颈，同时停配1～2次。

（4）激素紊乱性不孕。饲养不当、生殖道炎症、应激等因素使生殖系统功能性异常，体内激素紊乱而使母牛的生殖机能受到破坏，常发生卵巢囊肿、卵巢静止、持久黄体等病变。

（5）繁殖功能性障碍不孕。在青年母牛中除卵巢静止外，其他疾病发生不多，而在青年母牛群中引起长期不孕的是母牛机体激素紊乱引发的不孕。针对这类牛群，首先每天把乳房中的牛奶挤净，发情后注射促黄体素（LHA）350微克，以后每天注射黄体酮100毫克，1周为1个疗程，下一情期继续治疗，经过2～3个疗程，同时配合宫内抗生素清洗及中药治疗，能收到良好的效果。该类牛最后一次配种后马上注射一针常规量的促黄体素释放激素，效果更好。

二、卵巢机能不全

奶牛卵巢功能不全是指包括卵巢功能减退、卵巢组织萎缩、卵泡萎缩及排卵异常等在内的，由卵巢功能紊乱引起的各种异常变化。奶牛卵巢功能不全可导致发情异常和不育。

1. 病因　奶牛卵巢功能减退时，卵巢功能暂时受到扰乱，处于静止状态，不出现周期性活动；奶牛有发情的外表征候，但不排卵或延迟排卵。奶牛卵巢功能长期衰退时，可引起组织萎缩和硬化。此病比较常见，衰老奶牛更容易发生。奶牛卵巢功能不全很容易引起内分泌异常或失衡、靶组织缺乏激素受体等，从而造成牛的排卵异常，导致不育。

2. 症状　奶牛卵巢功能不全导致的排卵异常包括排卵延迟和不能排卵两种。排卵延迟时，卵泡发育和奶牛的外表发情征候都与正常发情一样。但发情的持续期延长，可长达3～5天或更长。排卵延迟的情况比较难以诊断，进行连续系列直肠检查或超声检查具有一定的诊断意义。但如果操作不慎可能会引起卵泡提早破裂。如果在发情高峰和 24～36 小时连续 2 次的检查中，在同一卵巢上均可发现有同样的结构，则可诊断为排卵延迟。不排卵是奶牛卵巢功能异常的另一种表现形式。患病奶牛可表现发情行为，但不排卵，卵泡发生闭锁，这种情况常见于乏情及产后期的奶牛。有时卵泡并不发生萎缩，但随后发生黄体化，因此可比正常间隔时间短而发情，一般黄体化卵泡消失之后会出现正常的发情排卵。

3. 治疗 对卵巢功能不全的奶牛，必须了解其身体状况及生活条件，进行全面分析，找出主要原因，按照具体情况，采取适当的措施，才能收到好的疗效。

加强饲养管理，增强卵巢功能。良好的饲养条件是保证奶牛生殖功能正常的基础，特别是对于过冬后消瘦乏弱的奶牛，更不能单独依靠药物催情，而是要从饲养管理方面着手，增加日粮中的蛋白质、维生素和矿物质的含量，增加放牧和日照时间，保持足够的运动量，减少使役和泌乳，以维持奶牛正常的生殖功能。

对症治疗生殖系统原发疾病，促进奶牛正常发情排卵。对患生殖系统或其他全身性疾病而伴发卵巢功能减退的奶牛，必须治疗原发疾病才能收效。

（1）肌内注射促卵泡素。每天或隔天 1 次，每次 100～200国际单位，共 2～3 次。每注射 1 次后须做检查，有效时方可连续应用，直至出现发情征候为止。

（2）静脉注射绒毛膜促性腺激素。静脉注射绒毛膜促性腺激素，每次 2 500～5 000 国际单位。少数病例在重复注射时，可能出现过敏性变态反应，应当慎用。

（3）肌内注射孕马血清或全血。孕马血清粉剂的剂量按国际单位计算，牛肌内注射每次 1 000～2 000 国际单位，可重复注射，但有时可引起过敏性变态反应。

（4）雌激素类药物。该类药物对中枢神经及生殖道有直接兴奋作用，可以引起奶牛表现明显的外表发情征候，促使正常的发情周期得以恢复。治疗时可采用苯甲酸雌二醇，肌内注射，每次4～10毫克。

（5）补充维生素 A。对于冬春季节由于缺乏青饲料引起的卵巢功能减退，补充维生素 A 有较好的疗效。用量为每天肌内注射 100 万国际单位，每 10 天 1 次，注射 3 次后的 10 天内卵巢上即有卵泡发育，且可成熟排卵和受胎。

（6）中药方剂。

增强卵巢功能的中药方剂：处方①当归 50 克，川芎 35 克，桃仁 25 克，红花 25 克，玉片 25 克，枳实 25 克，三棱 35 克，莪术 35 克，大枣 50 克。将以上中药共研为细末，加入黄酒、红糖各 200 克，开水冲服。处方②阳起石 75 克，淫羊藿 50 克，当归 40 克，川芎 40 克，白术 40 克，炙香附 50 克，熟地 75 克，肉桂 35 克，陈皮 200 克。煎水灌服，连用 3 剂。

不排卵或排卵延迟的中药疗法：处方①当归 40 克，川芎 40 克，红花 30 克，益母草 60 克，淫羊藿 40 克，阳起石 50 克，白芍 40 克，白术 40 克，香附 50 克，熟地 50 克，肉桂 30 克，陈皮 20 克。煎水灌服，连用 3 剂。处方②当归 50 克，赤芍 40 克，淫羊藿 60 克，阳起石 40 克，菟丝子 40 克，补骨子 60 克，枸杞子 50 克，熟地 40 克，益母草 60 克。共煎水，隔天 1 剂，连用 3 剂。

三、卵巢囊肿

卵巢囊肿分卵泡囊肿和黄体囊肿，是奶牛不育最重要的原因。黄体囊肿通常在一侧卵巢上，是单个组织壁厚的闭锁卵泡；卵泡囊肿在一侧或两侧卵巢上，有一个或数个而且壁薄的闭锁卵泡。卵泡囊肿比黄体囊肿多见。

1. 病因　一是奶牛缺乏运动；二是饲料中缺乏矿物质和维生素，尤其是缺乏维生素 E；三是脑下垂体和神经系统机能异常；四是患子宫内膜炎、卵巢炎和输卵管炎，微生物侵入卵泡造成卵细胞死亡而形成囊肿；五是患卵巢炎时妨碍排卵，易引起囊肿；六是输精操作不得当，消毒不严格也能造成被动发病。

2. 防治 加强饲养管理，合理配合饲料，使各种营养成分达到奶牛生产需要。平时增加光照时间，加强运动量。治疗方法：①垂体前叶促性腺激素 500～1 000 国际单位皮下注射，隔 12 小时再注射 1 次；肌内注射黄体酮 50～100 毫克，每隔 2 天 1 次，连用 2～4 次。用甲硝唑液冲洗子宫，隔天 1 次，3 次为佳。②臀部穿刺法，该法安全有效。选取臀中部肌肉注射部位，直肠入手后向该处按压即可感到皮肤出现波动，另一手在该处触诊即可找到皮肤进入，骨盆腔最薄的地方为进针部位。对准穿刺点快速刺透皮肤进针 3～4 厘米，直肠入手检查局部，另一手持针头向盆腔推进，当达到腹膜时病牛有疼痛感觉，触摸进针处即可摸到针尖，推进针头使针尖进入盆腔 1 厘米深。将囊肿卵巢夹于两指间，再次检查波动中心部牵引到针尖处，两手配合刺入囊中，液体即喷射而出，稍用力压迫囊肿使液体全部流出即可。

四、持久黄体

怀孕黄体或周期黄体超过正常时限而仍继续保持功能者，称为持久黄体。在组织结构和对机体的生理作用方面，持久黄体与怀孕黄体或周期黄体没有区别。持久黄体同样可以分泌孕酮，抑制卵泡发育，使发情周期停止循环，因而引起不育。

1. 病因 饲养管理不当，如饲料单纯，缺乏维生素和无机盐，运动不足等；子宫疾病，如子宫内膜炎，子宫积液或积脓，产后子宫复旧不全，子宫内有死胎或肿瘤等均可影响黄体的退缩和吸收，而成为持久黄体。

2. 症状 母牛发情周期停止，长时间不发情，直肠检查时可触到一侧卵巢增大，比卵巢实质稍硬。如果超过了·应当发情的时间而不发情，需间隔 5～7 天，进行 2～3 次直肠检查。如果奶牛黄体位置、大小、形状及硬度均无变化，即可确诊为持久黄体。但为了与怀孕黄体加以区别，必须仔细检查奶牛子宫。

3. 治疗　治疗奶牛持久黄体，应消除病因，促使黄体自行消退。为此，必须根据具体情况改进饲养管理，首先治疗子宫疾病。为了使奶牛持久黄体迅速萎缩，可使用前列腺素（PG），前列腺素 5～10 毫克，肌内注射。一般 1 周内即可发情，配种即能受孕。也可应用氟前列烯醇或氯前列烯醇 0.5～1 毫克，肌内注射，注射 1 次后，一般在 1 周内即可奏效，如无效，可间隔 7～10 天重复一次。

五、黄体囊肿

奶牛患黄体囊肿在临床上时有发生，主要标志是奶牛长期不发情。直肠检查可发现卵巢上黄体囊泡多为一个，大小与卵泡囊肿相似。但是，黄体囊肿壁厚而柔软不紧张，压时有轻微的疼痛感。黄体囊肿存在的时间比卵泡囊肿长，如超过一个发情周期以上，检查的结果与上次相同，奶牛仍无发情表现，即可确诊为黄体囊肿。母牛患黄体囊肿如果长期不治疗，则可变成雄性化，可发育成雄性个体，试图爬跨其他母牛，但与"慕雄狂"不同，不接受其他牛爬跨。

治疗：

1. 舍饲的高产奶牛，应增加其运动量，减少挤奶量，改善饲养管理条件。

2. 绒毛膜促性腺激素 2 000～10 000 国际单位，一次肌内注射，静脉注射 3 000～4 000 国际单位即可。

3. 促黄体素 100～200 国际单位，用 5～10 毫升生理盐水稀释后使用。用药后 1 周未见好转时，可第 2 次用药，剂量比第 1 次稍加大。

4. 挤破囊肿法：将手伸入直肠，用中指和食指夹住卵巢系膜，固定卵巢后，用拇指压迫囊肿使之破裂。为防止囊肿破裂后出血，须按压 5 分钟左右，待囊肿局部形成凹陷时，即可达到止血目的。

六、子宫内膜炎

1. 病因　产房卫生条件差，临产母牛的外阴、尾根部污染粪便而未彻底洗净消毒；助产或剥离胎衣时，术者手臂、器械消毒不严，胎衣不下腐败分解，恶露停滞等，均可引起产后子宫内膜感染。

2. 症状　根据病理过程和炎症性质可分为急性黏液脓性子宫内膜炎、急性纤维蛋白性子宫内膜炎、慢性卡他性子宫内膜炎、慢性脓性子宫内膜炎和隐性子宫内膜炎。通常在产后1周内发病，轻者无全身症状，发情正常，但不能受孕；严重的伴有全身症状，如体温升高，呼吸加快，精神沉郁，食欲下降，反刍减少等表现。患牛拱腰、举尾，有时努责，不时从阴道流出大量污浊或棕黄色黏液脓性分泌物，有腥臭味，内含絮状物或胎衣碎片，常附着尾根，形成干痂。直肠检查，子宫角变粗，子宫壁增厚。若子宫内蓄积渗出物时，触之有波动感。

3. 防治　产房要彻底打扫消毒，临产母牛的后躯要清洗消毒，助产或剥离胎衣时要无菌操作。治疗奶牛子宫内膜炎主要是控制感染、消除炎症和促进子宫腔内病理分泌物的排出，对有全身症状的进行对症治疗。如果子宫颈未开张，可肌内注射雌激素制剂以促进宫颈开张，开张后肌内注射催产素或静脉注射10%氯化钙溶液100～200毫升，促进子宫收缩而排出炎性产物。然后用0.1%高锰酸钾液或0.02%新洁尔灭液冲洗子宫，20～30分钟后向子宫腔内灌注青霉素链霉素合剂，每天或隔天1次，连续3～4次，但是，对于纤维蛋白性子宫内膜炎，禁止冲洗，以防炎症扩散，应向子宫腔内注入抗生素，同时进行全身治疗。对于慢性化脓性子宫内膜炎的治疗可选用中药当归活血止痛排脓散，组方为当归60克、川芎45克、桃仁30克、红花20克、元胡30克、香附45克、丹参60克、益母90克、三菱30克、甘草20克，黄酒250毫升为引，隔天1剂，连服3剂。

七、流　　产

奶牛流产是怀孕奶牛的常发病，可发生在怀孕的各个阶段，但以怀孕早期较为多见。它不但可使胎儿夭折，而且还会引起奶牛生殖器官疾病进而导致不育，甚至还会引起奶牛死亡。因此必须重视奶牛流产的防治。

1. 病因　奶牛流产可概括为普通流产、传染性流产和寄生虫性流产三类。每类流产又可分为自发性流产与症状性流产。自发性流产：自发性流产是由胎膜和胎盘异常、胚胎过多、胚胎发育停滞等造成的。症状性流产：症状性流产有时是由生殖器官疾病、饲养管理不当、损伤、医疗错误、传染性疾病造成的。

2. 症状　除隐性流产之外，其他的流产奶牛均不同程度地表现拱腰、屡作排尿姿势，自阴门流出红色污秽不洁的分泌物或血液，病牛有腹痛现象。

隐性流产：母牛常在怀孕 40～60 天发生隐性流产，胎儿死亡后组织液化，胎儿的大部分或全部被母体吸收，常无临床症状。

排出未足月的胎儿：排出未经变化的胎儿，临床上称小产。此时胎儿及胎膜很小，多数在无分娩征兆的情况下排出胎儿；排出不足月的活胎，临床上称早产，有类似的正常分娩的征兆，但不太明显，母牛排出胎儿前 2～3 天乳腺稍肿胀。

胎儿干尸化：胎儿死在子宫中，由于黄体存在，子宫颈闭锁，阴道中的细菌不能侵入、胎儿不腐败分解，以后胎儿及胎膜的水分被吸收，体积缩小变硬，犹如干尸。该种情况临床表现不明显，所以不易发现。若经常注意母牛的全身状况，则可发现母牛怀孕至某一时间后，怀孕的外表现象不再发展。直肠检查感到子宫呈圆球状，其大小依胎儿死亡时间的不同而异，且较怀孕月份应有的体积小得多。子宫壁紧包着胎儿，摸不到胎动、胎水及子叶。有时子宫与周围组织发生粘连，卵巢上有黄体，触摸不到怀孕脉搏。

胎儿浸溶：指胎儿死于子宫内，非腐败性微生物浸入，使胎儿软组织液化分解，排出红褐色或棕黄色的腐臭黏液及脓汁，且偶尔带有小短骨片，直肠检查发现子宫内有残存的胎儿骨片。

胎儿腐败分解：胎儿死于子宫内，腐败菌浸入，使胎儿软组织腐败分解，产生硫化氢、氨、二氧化碳等气体，积于胎儿软组织、胸腹腔内，病牛腹围增大、精神不振、不安、频频努责，从阴门流出污红色恶臭的液体，食欲减退，体温升高，阴道检查有炎症表现，子宫颈开张，触诊胎儿皮下有捻发音。

3. 治疗

（1）对先兆流产的处理。孕畜出现轻微腹痛、起卧不安、呼吸脉搏稍加快等临床症状，但子宫颈黏液塞未溶解即可能发生流产。处理的原则为安胎，可采取以下措施：①肌内注射黄体酮：50～100毫克，每天1次，连用数次。为防止习惯性流产，也可在母牛怀孕的一定时间用黄体酮。②给以镇静剂：对出现流产预兆的母牛，应及时采取保胎措施，制止母畜阵缩和努责，肌内注射盐酸氯丙嗪注射液，每千克体重1～3毫克。③中药治疗：白术安胎散，开水冲服。

先兆流产经上述处理，病情仍未稳定下来，阴道排出物继续增多，子宫颈已经开放，甚至胎囊已进入阴道或已经破水，此时，流产已难避免，应尽快促使子宫内物排出。

（2）对于胎儿干尸化和浸溶的处理。可使用前列腺素制剂，继之或同时应用雌激素，溶解黄体并促子宫颈扩张。因为产道干涩，在子宫及产道内灌入润滑剂，以利于死胎排出。对胎儿浸溶，如软组织已基本液化，须尽可能将胎骨逐块取出，分离骨骼有困难时，须根据情况先将其破坏后再取出。取出干尸化及浸溶胎儿后，用消毒液或5%～10%盐水冲洗子宫，并注射缩宫素。胎儿浸溶的，必须在子宫内放入抗生素，同时给予全身治疗。

八、妊娠浮肿

奶牛妊娠浮肿是指妊娠母牛皮下组织内潴留过多的渗出液，以四肢、乳房、外阴部、下腹部，甚至胸部等下垂部位水肿，无热无痛为特征。

1. 病因 由于妊娠后期，胎儿过度发育或胎儿过大，导致母体血液循环障碍而发生，是母畜产前的一种生理现象，若饲养管理失调，母牛缺乏营养，运动不足，水肿会更严重，若继发心脏或肾疾患，则为病理现象。

2. 症状 浮肿先发生于后肢下端，渐渐发展到四肢、乳房、外阴部、下腹部，甚至达胸部等体表下垂部位，正常分娩后水肿会慢慢消失。浮肿部位无热、无痛，指压留痕。轻症除尿量减少，体温升高之外，没有其他机能障碍及全身症状。当病程发展，肿胀范围扩大时，发生器官变形，以致机能障碍。有时腹壁及乳房肿胀下垂达正节，组织内压增高，伴有循环障碍，组织的抵抗力降低，当皮肤损伤转为炎症时，发展成为颇大的脓性浸润及坏死，当浮肿发生较早并发展较快时，常出现心脏、肾及其他器官机能障碍。

3. 防治

（1）改善饲养管理，限制母牛饮水，减少精饲料和多汁饲料喂量，给予母牛丰富的、体积小的饲料，按摩或热敷患部，加强局部血液循环。

（2）促进水肿消散，可强心利尿：50％葡萄糖溶液 500 毫升、5％氯化钙溶液 200 毫升、40％乌洛托品溶液 60 毫升混合静脉注射；20％安钠咖溶液 20 毫升皮下注射；每天 1 次，连用 5 天。

（3）中药以补肾，理气、养血、安胎为原则，肿势缓者，可内服加味四物汤或当归散，肿势急者，可内服白术散。

九、胎水过多

1. 穿刺放水　在病牛右腹膨大明显处剪毛消毒，用兽药套管针直刺 13 厘米，第 1 次放出胎水约 40 升，第 2 次放出胎水约 20 升，胎水稍黏稠、清亮、无味。放出胎水后进行补液，静脉注射 5％葡萄糖溶液 2 500 毫升、安钠咖 20 毫升，每天 2 次，连用 2 天；同时，内服利尿轻泻剂。

2. 排出死胎　为使死胎产出，在放水后第 2 天肌内注射乙烯雌酚 15 毫升，第 3 天产出死胎。产后 12 小时，人工剥离胎衣。正常情况下，胎水放出后，病牛饮食欲恢复，排粪排尿正常，行动自如，治疗 5 天后痊愈。

十、阴　道　脱

阴道壁的部分或全部内翻脱离原正常位置而突出于阴门之外，称阴道脱。前者称不完全脱出，后者称完全脱出。

1. 原因　怀孕母牛年老经产、衰弱、营养不良、缺乏钙磷等矿物质以及运动不足，常会引起全身组织紧张性降低，怀孕末期，胎盘分泌的雌激素较多，或母牛摄食含雌激素较多的牧草，可使骨盆内固定阴道的组织以及外阴松弛。在上述基础上，如同时伴有腹压持续增高的情况，如胎儿过大、胎水过多、多胎、瘤胃膨胀、便秘、腹泻、产前瘫痪或患有严重软骨病不起的；以及产后努责过度等，压迫松弛的产道，都可造成部分或全部阴道脱出。

2. 症状

（1）阴道部分脱出。病初期可见母牛阴门内或阴门外有一拳头大、粉红色球状物，母牛站立时会自动缩回，如果脱出时间较长，黏膜充血肿胀，表面干燥，不能自行回缩。

（2）阴道完全脱出。大多是由部分脱出引起，脱出的阴道呈球状或柱状，在其末端可见到子宫颈口。脱出部分黏膜初始呈粉红色，时间较长瘀血肿胀，呈紫红色肉冻状，表面常有污染的粪便，进而出血、干裂坏死等。严重的可继发感染甚至死亡。

3. 治疗　当母牛站立时阴道不能回缩或阴道完全脱出时，应进行整复固定，并配合药物治疗。病牛取前低后高的姿势站立保定。用 0.1% 高锰酸钾溶液将脱出阴道清洗消毒，去掉坏死组织，有较大外伤的要进行缝合并涂上消炎药，若脱水严重则应用 2% 明矾水冷敷，挤出水肿液用消毒的湿纱布包盖脱出的阴道，趁病牛不努责时将其送回，再涂上抗生素软膏。为防止阴道再次脱出，应进行阴门缝合或坐骨小孔缝合。

十一、子宫复旧不全

奶牛子宫复旧不全是指奶牛产后 1～2 个月子宫尚未恢复原状，这是奶牛不孕的原因之一。

治疗时可用缩宫素（也称催产素）50～100 国际单位，一次肌内注射或皮下注射，以促使子宫收缩和子宫腺体大量分泌，达到冲洗子宫的目的。然后用青霉素 160 万单位、240 万单位、链霉素 100 万单位和 50 毫升稀释液注入子宫。青霉素和链霉素可以诱导子宫肌血管大量释放白细胞，吞噬子宫表体细菌及残留破碎组织，从而起到净化子宫、增强子宫免疫力的作用，使子宫很快复原。

十二、乳房浮肿

乳房浮肿是奶牛的一种围生期代谢紊乱性疾病。该病一般无全身症状。

1. 病因　淋巴回流受阻，毛细管流体静压升高，渗透性增加，机体内分泌功能增强；分娩前高精料饲养，矿物质比例失调，机体抗氧化功能异常，内毒素代谢紊乱。

2. 症状　整个乳房或部分乳房发生水肿，皮肤发亮，无痛，似面团状，用手指按压时出现凹陷。浮肿的乳头变得粗而短，挤奶困难，发病较重时乳房往往下垂，致母牛后肢张开站立，运动困难，易造成损伤。奶牛乳房水肿严重时产奶量显著下降，引起乳腺萎缩。

3. 防治

（1）严格控制精料喂量，一般在临产前日喂量控制在 4～6 千克。

（2）限制食盐的用量，用量一般占全价日粮的 1%。

（3）精料应营养均衡，最好使用产前料。给病牛进行乳房按摩，每天 3 次，每次 15 分钟，按摩后热敷乳房。也可肌内注射速尿（呋噻咪），每次用量为 200 国际单位，连用 2 次。也可用 25% 的葡萄糖溶液 500 毫升，10% 的葡萄糖酸钙溶液 500 毫升或 5% 的氯化钙溶液 250 毫升，10% 的安钠咖 30 毫升，一次静脉注射，连注 3 天。中药可用车前草鲜喂。

十三、子 宫 脱

1. 原因 有以下几种可能：胎儿过大，畸形，双胎造成子宫过度扩张从而引起子宫和韧带弛缓；营养不良，运动不足或年老体弱子宫收缩无力；母牛分娩努责过强或产道损伤频发努责或助产不当强行拉出胎儿，一般刚产犊的母牛应立即驱赶让其站立，防止继续努责，引起子宫脱。

2. 症状 从阴门脱出长椭圆形的袋状物，往往下垂至跗关节下方，其末端有时分 2 支，有大小 2 个凹陷。脱出的子宫表面有鲜红色乃至紫红色的散在的母体胎盘，若时间过长，脱出的子宫易瘀血、血肿，受损伤及感染时可继发大出血和败血症。

3. 防治 子宫脱必须采取整复措施，根据病情轻重程度，采取不同方法进行治疗，如脱出时间不长，脱出部分较少，色泽鲜艳无损伤，经清水洗涤干净，再用 0.1%～0.5% 高锰酸钾溶液冲洗后，用手轻轻将其推入子宫腔即可。脱出时间长，发生水肿、瘀血、硬化，必须先用消毒针头在脱出部分水肿处针刺放出水肿液，同时用5％新洁尔灭冲洗，一边用平直手指进行挤压，挤掉其中的瘀血及水肿液，直至它变软缩小，整复时保护黏膜和子叶，滞留在子宫上的胎膜应剥离掉，如果子叶、黏膜坏死变质，表面结痂渗有异物，都要彻底清除至见鲜肉为止，在清除时必须胆大心细，切勿损伤子宫深层血管，以防母牛失血过量死亡。整复前应先进行保定和麻醉，将患牛牵到不能转身的保定栏内进行保定，将充分洗干净的子宫涂上青霉素，助手将子宫托起，定于阴门，术者双手托住靠近阴门的子宫颈，手指平直使劲往阴门内挤压，如果母牛努责则停止用力，待努责停止后再迅速往里挤压，靠近阴门部分推入后和助手共同往里推送。直到把脱出部分全部推入阴门，送进骨盆腔内，并平展其皱襞。最后应加栅状阴门托或绳网结以保定阴门，或加阴门锁，或以细塑料线将阴门作稀疏袋口缝合。经数天后子宫不再脱出时即可拆除。

4. 护理 子宫整复后应注意栏舍清洁卫生，以减少污染和损伤，应有良好的饲养管理，喂给易消化的高营养的饲料。肌内注射青霉素160万单位×8支，1天2次，连续5天即可。

十四、胎衣不下

胎衣不下，是指母牛产出胎犊后，在一定时间内，胎衣不能脱落而滞留于子宫内，就叫胎衣不下，又叫胎衣停滞。乳牛产后10小时内未排出胎衣，就可认为是胎衣不下。此病多发生于第6胎以上，年产奶量为7 000千克以上的牛。夏季比冬季发病率高，一般其发病率为12％～18％。

根据胎衣在子宫内滞留的多少，可分为全部胎衣不下或部分胎衣不下。

1. 全部胎衣不下 是指整个胎衣停留于子宫内，多由于子宫堕垂于腹腔或脐带断端过短所致。故外观仅有少量胎膜悬垂于阴门外，或看不见胎衣。一般患牛无任何表现，仅见于一些头胎母牛有举尾、弓腰、不安和轻微努责症状。

2. 部分胎衣不下　是指大部分胎衣垂附于阴门外，少部分粘连。垂附于阴门外的胎衣，初为粉红色，后由于受外界的污染，其上粘有粪末、草屑、泥土等。子宫颈开张，阴道内有褐色稀薄而腐臭的分泌物。残留于子宫内的胎衣，只有在检查胎衣时或经 3～4 天后，由阴道内排出腐败的、呈灰红色、熟肉样的胎衣块时才被发现。

通常初期胎衣不下，对乳牛全身影响不大，食欲、精神、体温都正常。滞留的胎衣腐败分解，从阴道内排出污红色恶臭液体，内含腐败的胎衣碎片，病牛卧下时排出的多。此时，由于感染及腐败胎衣的刺激，发生急性子宫内膜炎。腐败分解产物被吸收后，出现全身症状。病牛精神不振、拱背、常常努责，体温稍高，食欲及反刍略微减少；胃肠机能扰乱，有时发生腹泻、瘤胃弛缓、积食及膨气。

牛胎衣不下的治疗措施有：

1. 药物疗法

（1）全身用药，促进子宫收缩：静脉注射 20％葡萄糖酸钙、25％葡萄糖液各 500 毫升，每天 1 次。1 次肌肉注射垂体后叶素 100 国际单位，或麦角新碱 20 毫升。在产后 12 小时以内注射效果较好。

（2）子宫注入高渗液，促过胎儿胎盘与母体胎盘分离：一次灌入子宫 10％高渗盐水 1000 毫升，其作用是促使胎盘绒毛脱水收缩，从而由宫阜中脱落；高渗盐水还有促进宫收缩的作用。但注入后须注意使盐水尽可能完全排出。

（3）放置抗生素，防止胎衣腐败及子宫感染：将土霉素 2 克或金霉素 1 克，溶于 250 毫升蒸馏水中，一次灌入子宫，隔天 1 次，经 5～7 天，胎衣会自行分解脱落。药液可一直灌至子宫阴道分泌物清亮为止。

2. 手术疗法　目前牛场多采用胎衣剥离并同时灌注抗生素的方法。胎衣易剥离的，则采用剥离法：若不易剥时，不应强硬剥离，以免损伤子宫，引起感染。体温升高的病畜，说明子宫已有炎症，不可进行剥离，以免炎症扩散，加重病情。剥离后可隔天灌注金霉素或土霉素。

十五、牛衣原体病

牛衣原体病是由鹦鹉热衣原体引起的一种传染病。临床上以流产、肠炎、肺炎、多发性关节炎、脑脊髓炎和结膜炎为特征。

自然感染时，成年孕牛呈潜伏性经过，衣原体侵入胎盘组织，并在其中繁殖和引起炎症、坏死。衣原体进入胎儿引起脏器病变、皮下结缔组织水肿和胎儿中毒死亡。衣原体的感染从肉阜间子宫内膜开始，扩展至绒毛膜，引起胎盘滋养层发炎和坏死。感染第 6 天，胎儿的肝、脾、肾、肺、胸腺、脑、淋巴结、肠道都有衣原体分布，随后发生肺炎、肠炎、关节炎及肝的炎症与坏死等。本病的潜伏期为数天至数月。

1. 流产型　各胎次母牛均可发病，但头胎和二胎的多发，一般在妊娠 7～9 个月流产，流产常突然发生，有的母牛体温升高 1～2 ℃。产出死胎或弱犊，胎衣排出迟缓，有的发生子宫内膜炎、阴道炎、乳房炎和输卵管炎，产奶量显著下降，感染群的流产率为 10％～40％。年轻公牛常发生睾丸炎、附睾炎和精囊炎，精液品质下降，有的睾丸萎缩，发病率可达 10％。

2. 肺肠炎型　主要见于 6 月龄以前的犊牛，潜伏期 1～10 天。表现为抑郁、腹泻，体温升高到 41～42 ℃，食欲降低，之后出现咳嗽和支气管肺炎症状。

3. 关节炎型　多见于犊牛，潜伏期 4～20 天，病初体温升高 1～3 ℃，厌食，不愿站立和运动，2～3 天后关节肿大，局部皮温升高、僵硬疼痛、跛行明显。

4. 脑脊髓炎型　3 岁以下的小牛多发，潜伏期 4～10 天。病初体温突然升高到 40.5～42 ℃，精神沉郁，虚弱，流涎，共济失调，呼吸困难，腹泻。以后出现神经症状，四肢无力，关节肿痛，步态不稳，将头抵在坚硬物体上，或转圈运动，起立困难，麻痹，卧地不起，角弓反张，最后死亡。病程 10～20 天。

5. 结膜炎型 潜伏期 10～15 天，呈单侧或双侧结膜炎。病眼流泪、羞明，眼睑充血肿胀，眼球被高度肿胀的第三眼睑所遮盖。眼角附以黏脓性分泌物。经 2～3 天，角膜发生不同程度的混浊、血管翳、溃疡。病程 8～10 天，无严重感染时则呈良性经过。角膜溃疡者，病程可达数周。

预防本病应加强饲养管理，消除各种诱发因素。目前，尚无牛衣原体病疫苗供免疫接种，但也有人研究，用羊流产衣原体卵黄囊甲醛灭活油佐剂苗，在配种前，给牛皮下注射 3 毫升可有效预防奶牛衣原体病，疫苗使用安全，免疫期可达 1 年以上。

流行本病的地区，牛群应定期检疫，及时淘汰病牛和血清学阳性牛。发生本病时，应及时隔离病牛，对污染的牛舍、场地等环境彻底消毒。治疗可用氯霉素或青霉素肌内注射，每天 1～2 次，连用 3 天。

第八节　奶牛繁殖生产技术

一、奶牛性别控制技术

我国奶牛养殖业发展滞后，最重要的原因是对繁殖技术的重要性认识不足。而繁殖技术的关键环节就是性别控制，又是奶牛繁殖技术的核心。科研人员经过长期试验，成功研发生产了一种可控制奶牛繁殖性别的药物——奶牛性控胶囊。

1. 药物原理 奶牛性控胶囊为中西药结合，是一种利用药物生理活性以及物理的严格综合操作方法，使性控通过对配种母牛受精环境的控制，有效地抑制 Y 精子的活力，相对增强了 X 精子的活力，从而使 X 精子与卵子优先结合，极大地提高了奶牛的产母犊几率。

2. 药物优点 奶牛性控胶囊能提高奶牛的产母犊几率。①

奶牛性控胶囊能营养生殖器官，强化生殖功能，优化生殖环境，减少母牛子宫内膜炎及产褥期综合征的感染率。②奶牛性控胶囊还能在短期内恢复奶牛的再生育功能。奶牛性控胶囊的研发成功，标志着我国在奶牛繁殖技术上又迈上了一个新台阶，它将给广大奶牛养殖户带来更大的收益。

二、奶牛胚胎移植技术

胚胎移植被认为是继家畜人工授精技术之后家畜繁殖领域的第 2 次革命。人工授精技术极大地提高了优秀种公畜的利用率，胚胎移植技术则极大地增加了优秀母畜的后代数量，挖掘了母畜的遗传和繁殖潜力。在畜牧业生产与科研中，胚胎移植技术主要用于以下几个方面：

1. 增加进口纯种畜和优秀个体的后代数量。用于纯繁扩群，增加种畜的数量。

2. 缩短牛的改良周期，加速品种改良。纯种牛的胚胎移植给黄牛，可将 15～20 年的改良周期变为 1 年，大幅度提高了家畜的遗传品质和生产性能。

3. 用于单胎动物的育种，可缩短选择种牛的年限。如牛的 MOET 育种方案比后裔测定育种方法遗传进展快。

4. 移植产双胎，提高生产效率。对肉用牛尤其有价值。同时移植双胚或双半胚或在配种后第 7 天前后移植一枚胚胎，可获得 30％以上的双犊率。

5. 代替种畜的引进。

6. 保存品种资源。保存于具有优良遗传特性的牛胚胎库、基因库。

7. 用于一些疾病的诊断和治疗。

特别值得一提的是，通过胚胎移植产下的后代可从本地母牛获得免疫力，疾病抵抗力增强，胚胎传染疾病的危险性降低。目前，胚胎移植技术被越来越多地用于牛的引种和牛群的品种改良。

三、转基因技术

动物转基因技术是通过基因工程技术把某一特定基因导入到动物细胞里，并整合到受体细胞的基因组中，使该动物获得前者的遗传特性，从而改造动物品种，获得人类所需的特殊物质。转基因动物打破了自然繁殖中的种间隔离，使基因能在种系关系很远的个体间流动，它将对整个生命科学产生全局性影响。因此转基因动物技术在 1991 年第 1 次国际基因定位会议上被公认为是遗传学中继连锁分析、体细胞遗传和基因克隆之后的第 4 代技术，被列为生物学发展史上 126 年中第 14 个转折点。

动物转基因技术是一项高度综合的技术，它涉及 DNA 重组、胚胎工程和细胞培养等技术，因而需要多学科的交叉和融合。根据外源基因的导入方式分类，主要有受精卵原核内显微注射法、逆转录病毒法、精子载体法、胚胎干细胞法、基因打靶法和体细胞核移植法等。

第九节　淘汰奶牛的利用

一、淘汰奶牛的利用

一般来说，淘汰奶牛主要用来育肥生产牛肉。淘汰奶牛用于育肥，进行牛肉生产，所产牛肉与役用牛、肉牛等育肥所产的牛肉没有很大差异，可以作为牛肉的重要来源。

1. 用于育肥的淘汰奶牛的选择　奶牛养殖场（户）中，凡是屡配不孕的成年奶牛、产奶量低或奶质量不好的奶牛、乳房发生病变和损毁的奶牛，以及年龄偏大停用的奶牛均是需要淘汰的奶牛。利用淘汰奶牛开展育肥生产牛肉的过程中，要做到所选择的淘汰奶牛健康无病，尤其是应没有传染性疾病。

2. 淘汰奶牛育肥的饲养　将淘汰奶牛集中饲养，进行育肥。

在开始育肥饲养前，每头牛按每千克体重注射 0.02 毫升的阿维菌素驱除淘汰奶牛体内的线虫和体外寄生虫；也可以每头牛按每千克体重喂服 15 毫克左旋咪唑或敌百虫进行驱虫，以保证育肥效果。淘汰奶牛一般采取短期育肥，饲养时间 3～4 个月，可分为过渡期、抓膘期和增膘期 3 个时期。

3. 过渡期　对淘汰奶牛进行育肥，要尽快使淘汰奶牛由产奶饲养迅速转换到育肥饲养，由产奶的散放饲养转到集中拴栏饲养，饲料逐渐由奶牛饲料过渡到肉牛育肥饲料。在淘汰奶牛逐渐适应新环境的同时，逐步减少其自由活动，但要保证其足够的饮水，过渡期一般为 10～15 天。淘汰奶牛的粗饲料主要是青贮玉米秸秆、微贮秸秆和氨化秸秆；精饲料配方：玉米面47%、麦麸 37%、豆饼 4%、棉饼 6%、骨粉 2%、尿素 2%、食盐 1%，微量元素和维生素添加剂 1%。粗饲料自由采食，精饲料按体重的 0.8%供给，每天每头牛至少 2 千克，饲喂的方法是先喂粗饲料，后喂精料，边吃边拌，吃完再添，直到牛吃饱为止。

4. 抓膘期　淘汰奶牛特别是产奶牛在产奶的过程中，大都形成体内营养代谢的负平衡，所以为提高产肉性能，就要在促进牛体增膘上下工夫，抓膘期一般为 60～80 天。淘汰奶牛在这一阶段，要适当降低粗饲料的供应，提高精饲料的比例，粗饲料可以用酒糟、青贮玉米秸秆或优质的干草，精饲料配方：玉米面58%、麦麸 29%、棉籽饼 10%、骨粉 0.5%、贝壳粉 0.5%、食盐 1%，微量元素和维生素添加剂 1%。粗饲料控量，每天每头20 千克青贮玉米秸秆和 5 千克干玉米秸秆；精饲料按体重的1.1%供给；每天每头牛至少 5 千克，每天草料分 3 次喂给，早、中、晚各饲喂 1 次，每次饲喂后 2 小时饮水。

5. 增膘期　淘汰奶牛在经过抓膘期的催肥后和弥补体营养的基础上，为提高产肉率和所产牛肉的质量，特别是肌间脂肪的沉积，需进一步增肥增膘，增膘期一般在 30～45 天。这一时期精饲料的喂量应进一步增加，最高可占整个日粮总量的70%～80%。粗饲料用酒糟、青贮玉米秸秆或优质的干草，粗饲料青贮玉米秸秆10～15千克和3千克干秸秆；精饲料配方：玉米面65%、麦麸22%、棉籽饼10%、骨粉0.5%、贝壳粉0.5%、食盐1%，微量元素和维生素添加剂1%。精饲料按牛体重的1.7%供给；每天每头牛至少7千克。每天草料分3次喂给，早、中、晚各饲喂1次，每次饲喂后2小时饮水。

6. 淘汰奶牛育肥的管理　淘汰奶牛育肥的各个时期，都要供给充足饮水，并根据季节调整水温。冬季供给20℃左右的温水，白天饮水3次。夏季供给常温水，白天饮水5次。在草料的饲喂上要掌握好饲喂顺序，即先喂草后喂料，先喂料后饮水。在粗饲料的搭配上，要做到多样化，秸秆要揉碎切短。淘汰奶牛育肥要一牛一拴，一牛一绳，以限制其运动并饲养在较暗的圈舍内，减少运动量以避免能量消耗，提高饲料转化率，保证催肥增膘效果。每天刷拭牛体2～3次，保持牛体清洁，可促进血液循环，增强牛抵抗力。保持圈舍冬暖夏凉，空气流通。经常清扫栏、槽及场地，保持舍内清洁干燥。每批牛出栏后都要彻底清扫、消毒育肥牛栏舍。

二、小公牛的利用

用在奶牛繁养中，因为先进的配种技术可采用良种冷冻精液或"冻胚"移植，所以一般奶牛场采取"见母就留，见公就杀"的方式生产。因此，作为奶牛场的"废料"——小公牛可充分开发利用，生产血清和生化制品等，变废为宝。小牛血清可专供医药卫生、生物制品、医疗科研等部门进行细胞、病毒、疫苗等作培养基使用。小牛内脏胸腺可制成胸腺肽，是当今治疗肝癌的重要药品；用小牛肝制成"肝黄金"，又是当今最贵重的营养食疗佳品。小牛皮可制作高档皮制品，如皮衣、皮鞋等。此外，小牛肉、小牛排、牛脑、牛心等，也是上等的菜肴，为大菜馆、饭店所青睐。小公牛全身都是宝，有很大的开发利用价值。

　　奶公犊牛出生体重大，在满足其营养需要的条件下，体重在性成熟前增长很快，即在 12 个月龄以前的增重速度快。因此，在生产小牛肉方面比肉牛品种更有优势，将奶公犊牛育肥肉用是合理利用这一资源的最佳途径。在奶业发达的国家，高档牛肉生产主要集中在小牛肉生产上，小牛肉生产的很大部分是用荷斯坦公犊牛在全乳或代乳料饲喂的条件下，经少于 20 周龄的育肥而生产的牛肉。奶公犊牛的培育方式主要有以下 4 种类型。

　　1. 鲍布小牛肉（Bob veal）　犊牛的屠宰年龄少于 4 周，有的甚至是公犊牛出生 2～3 天就被屠宰，活重少于 57 千克（胴体重为 31 千克），其瘦肉颜色呈淡粉红色，肉质极嫩。

　　2. 小白牛肉（Milk - fed veal 或者 White veal）　我国把用全乳、脱脂乳或人工代用乳培养的犊牛所产的肉定义为"小白牛肉"。小白牛肉的肉质软嫩，味道鲜美，肉呈白色或稍带浅粉色，营养价值很高，蛋白质含量比一般的牛肉高，脂肪却低于普通牛肉，人体所需的氨基酸和维生素齐全，又容易消化吸收，属于高档牛肉。我国很多文献称小白牛肉饲养期为 100 天左右，体重在 100 千克左右时宰杀。

　　小白牛肉饲养管理要点：

　　（1）在出生后 1 周龄吃好初乳，饮用水含铁量小于 0.5 毫克/升，因含铁量高，血色发红，影响肉色。

　　（2）要求犊牛在 90～100 天的培育期内用全乳或代乳料喂养，以保持其一直用单胃消化，故培育期内不给垫草，也不喂草料，或给犊牛戴口罩。

　　（3）饲喂方式。日喂次数 2～3 次，日喂量随着体重的增大而增加，平均体重每增加 1 千克，耗全乳 10 千克。代乳粉与全乳营养相当的情况下，每增加 1 千克体重需 1.3～1.5 千克。

　　（4）喂奶用具要保持卫生，每次用后要及时清洗，用前蒸汽消毒或煮沸消毒。

（5）舍内光照充足，通风良好，温度在 15～20 ℃为宜，相对湿度 70％～75％。舍内要及时清扫，定期消毒。

3. 精料饲喂的小牛肉（Grain - fed veal） 小牛肉又称为 non - formula fed veal，是指犊牛出生后 6～8 个月内，前 6 周以牛乳为基础饲喂，然后喂以全谷物和蛋白的日粮，育肥至 250～350 千克时屠宰的牛肉。小牛肉呈鲜浅红，有光泽，纹理细，肌纤维柔软、肉质嫩、多汁，易咀嚼且不塞牙，有浓郁的肉香味，适于做高档菜肴。

小牛肉饲养管理要点：

（1）出生至 6 日龄为初乳期，7～30 日龄为常乳期，31 日龄开始适应固体饲料，51 日龄以后营养来源以固体精料为主，100 日龄以后可以利用部分无机氮代替饲料蛋白质。

（2）实行"五大自由"，即吃精料、吃粗料、饮水、舔食盐和活动自由。

（3）阶段称重。在某阶段末最后一天和下阶段初第 1 天的早晨空腹称重，根据体重调节饲料的营养浓度及供给量。

（4）保持舍内空气清新，及时清粪，保持适宜的温度及湿度。

4. 奶公牛育肥 奶公牛育肥又称架子牛育肥，是指 1 岁左右的黑白花奶公牛经 5～6 个月的育肥饲养，体重达 500 千克左右出栏。

架子牛育肥饲养管理要点：

（1）生长期的饲养：生长期是指从 51 日龄开始至 1 岁末，体重从 70～300 千克，管理的重点是体重 70～150 千克的阶段，此阶段胃容积小，利用粗饲料的能力低，而且这一阶段发育受阻不易补偿。

（2）体重在 150～300 千克，即 0.5～1 岁，饲养灵活性很大，此阶段采食和消化粗饲料的能力很强（此时期可以采取"吊架子"方式饲养，也可以采取直线育肥方式至标准出栏体重屠宰）。

（3）育肥期的饲养：指从 13 月龄开始至 16～18 月龄，体重从 300～500 千克，平均日增重 1.2～1.4 千克。

（4）一般在生长期采取散养，育肥期采取拴养的方式饲养。

第六章
新型饲料添加剂的开发应用

饲料添加剂是指在饲料生产加工、使用过程中添加的少量或微量物质，在饲料中用量很少但作用显著。饲料添加剂是现代饲料工业必然使用的原料，对强化基础饲料营养价值，提高动物生产性能、保证动物健康、节省饲料成本、改善畜产品品质等方面有明显的效果。从功能上来分，饲料添加剂包括营养性和非营养性添加剂两大类。营养性饲料添加剂用来补充一般饲料中某种或某些营养素含量的不足，包括氨基酸、维生素与微量元素等；而非营养性饲料添加剂通常包括生长促进剂、驱虫保健剂、动物产品品质改良剂、防霉防腐剂和饲料质量改进剂等。

现阶段我国奶牛产业得到较大的发展，随着奶牛饲养规模的不断扩大，养殖业主对奶牛的产奶量、乳脂率等生产性能和健康状况也越来越重视，奶牛饲料添加剂对于提高产奶量、改善乳成分和减少产奶应激等具有明显作用，受到越来越广泛的关注。

第一节　反刍动物饲料添加剂应用效果的常用评价方法

评定饲料添加剂对于动物是否有效，应该着重从以下 4 个方面着手：生产性能反应、经济回报、生产试验和资料总结。

一、生产性能反应

生产性能反应是指使用添加剂后人们期望的奶牛生产性能反

应程度，它包括：

1. 产奶量（高峰期产奶量或高峰产奶量的持续时间）。

2. 乳蛋白或乳脂率等乳成分的提高。

3. 干物质进食量增加。

4. 维持适宜的瘤胃 pH。

5. 刺激瘤胃微生物蛋白质的合成或挥发酸的产生。

6. 提高瘤胃养分的外流速度。

7. 提高瘤胃纤维消化率。

8. 维持瘤胃内环境的稳定。

9. 提高青年牛或初产牛的增重速度或饲料转化效率。

10. 最小的掉重损失。

11. 减少热应激的影响。

12. 改进健康状况，如降低酮病和瘤胃酸中毒发病率，以及提高免疫反应水平等。

二、经济回报

经济回报是指使用某种添加剂以后从奶牛饲养中所获得的经济效益。如果将提高产奶量作为度量指标，表 6-1 可以用来确定奶牛使用添加剂在经济上的盈亏平衡点。举例来说，某饲料公司推荐的添加剂为每头产奶牛每天投入 0.6 元，而当时当地牛奶公司或奶站收购鲜奶的价格为 1.6 元/千克，那么该牛场每头牛每天必须多产奶 0.375 千克才能抵消添加剂的成本投入。在此基础上，产奶量越多，添加剂所产生的经济效益也就越大。在生产中出现的另一种情况是，给牛群中所有的产奶牛都饲喂了添加剂，但只是产奶前期（产后 100 天以内）的奶牛对添加剂有反应。那么，这时具有反应的牛必须负担所有牛只的添加剂成本投入。对于某些反应指标，如改善健康状况和减少应激来说，有时很难评价当时使用添加剂的经济回报如何，因为它们的真正作用可能到下一个泌乳期才能体现。

从经济效益的角度来说，使用添加剂的基本原则应当是"一份投入两份以上回报"。

表 6-1 奶牛使用添加剂提高产奶量的盈亏平衡点计算

添加剂成本 [元/(头·天)]	收购奶价（元/千克）				
	1.4	1.6	1.8	2.0	2.2
	每天需要增加产奶量（千克）				
0.20	0.143	0.125	0.111	0.100	0.091
0.40	0.286	0.250	0.222	0.200	0.182
0.60	0.428	0.375	0.333	0.300	0.273
0.80	0.571	0.500	0.444	0.400	0.364
1.00	0.714	0.625	0.556	0.500	0.455
1.20	0.857	0.750	0.667	0.600	0.545

三、试验研究

为了确定严格控制条件下的试验得出的添加剂生产性能反应是否可以推广到实际生产中，进行相关的试验研究是必不可少的。要求有与生产应用相同（如饲料成分、饲喂制度、产奶水平和产奶阶段等）而且无偏差的条件，同时还必须能对试验结果进行统计处理。

四、资料总结

对各个奶牛场所采集的试验结果进行总结比较，指标包括产奶记录（高峰期产奶量、高峰产奶量持续时间、乳成分和产乳曲线等）、繁殖记录、体细胞数、干物质进食量、青年母牛生长曲线和牛群健康表等。根据这些资料综合评价添加剂使用的效果。应用于奶牛饲料中的常用添加剂种类、建议添加量、估计成本投入与适宜使用阶段列于表 6-2。

表 6-2　奶牛常用添加剂的建议添加量和成本估计

添加剂名称	建议添加量 ［克/（头·天）］	成本估计 （元/天）	适宜使用阶段
阴离子盐	200	1.20～1.60	产前 3 周至产犊
膨润土	300～500	0.06～0.10	产奶牛
小苏打	110～25	0.13～0.27	产奶牛
氧化镁	50～90	0.25～0.45	产奶牛
异构酸	50～80	0.30～0.48	产奶牛
胆碱	30	0.25～0.40	产奶牛
莫能霉素	0.05～0.2	0.02～0.07	育成牛、青年牛
蛋氨酸羟基类似物	30	0.75～0.90	产奶牛
烟酸	6～12	0.29～0.58	产前 2 周至产后 16 周
酵母培养物	10～120	0.04～0.48	产前 2 周至产后 8 周
活菌制剂	10～50	0.25～1.25	产奶牛
蛋氨酸锌	5	0.17～0.22	产奶牛
丙二醇	250～500	1.2～2.4	产前 1 周至产后 2 周

第二节　矿物质饲料添加剂

奶牛产奶所需的矿物质至少有 17 种。其中，常量元素包括钙、磷、镁、钾、钠、氯和硫；微量元素包括铁、铜、锰、锌、钴、镍、铬、硒和碘。虽然砷、硼、铅、硅、矾等元素在其他动物上证明可能是必需元素，但对于奶牛来说，一般意义不大。在矿物质中，常量和微量元素的添加量可参考 NRC(2001) 奶牛营养物质需要量加以确定。添加方式可以采用复合预混料或复合营养舔块形式。在奶牛生产实践中，应当给予足够重视的矿物质添加剂包括阴离子盐和缓冲剂。

一、阴离子盐

(一)利用原理

产乳热 (milk fever) 是一种与低血钙 (Low Blood Calcium) 有关的代谢紊乱。由于牛奶中含有大量钙离子，泌乳会造成血液中钙离子减少。钙离子为肌肉正常收缩所必需，缺钙会导致动物步态不稳、发抖、不能站立、直至死亡。美国 8% 的奶牛患有严重的产乳热，患牛产奶量减少 14%，产奶寿命缩短 3.4 年。生产上多见的为亚急性产乳热，无明显临床症状，在美国的发病率约为 66%。血钙含量低还会引起其他疾病，如乳房炎、酮病、难产、胎衣不下、子宫脱出、子宫炎、真胃变位等。

防治奶牛低血钙的一个有效方法是，根据阴阳离子平衡原理，在产前给奶牛饲喂阴离子盐。奶牛阴—阳离子平衡可以用阳离子和阴离子之差 (CAD) 来表示。所谓饲粮阴阳离子差是指饲粮总阳离子与总阴离子毫克当量的差值。阳离子是指带正电荷的电解质，主要有钠、钾、钙、镁等；阴离子是指带负电荷的电解质，主要有氯、硫、磷等。饲料中影响阴—阳离子平衡的强电解质主要有钠、钾、硫和氯等。

(二)日粮中的应用

高或正平衡 CAD 日粮（碱性）会引起产后低血钙。添加阴离子盐（酸性）可以有效地增加血液中游离钙的浓度，从而减少低血钙的发生。同时，奶牛尿液的 pH 也将控制在 6.2～6.7。据美国试验结果，给奶牛饲喂阴离子盐，仅就产奶量提高一项，投入产出比就可达到 1：10。而其他开支方面的节省，如减少产乳热、奶牛疾病的治疗费用和延长动物的生产寿命方面，可能远远超过这个数字。

奶牛常用饲料原料的阴阳离子平衡值列于表 6 - 3。

表 6 - 3　奶牛常用饲料原料的阴阳离子平衡值

饲料原料	Na^+	K^+	Cl^-	S^{2-}	CAD值
		%DM			
苜蓿（晚花期）	0.15	2.56	0.34	0.31	＋431
猫尾草（晚期）	0.09	1.6	0.37	0.18	＋233
玉米青贮	0.01	0.96	—	0.15	＋157
玉米籽实	0.03	0.37	0.05	0.12	＋19
燕麦	0.08	0.44	0.11	0.23	－27
大麦	0.03	0.47	0.18	0.17	－23
酒糟	0.10	0.18	0.08	0.46	－220
豆粕	0.03	1.98	0.08	0.37	＋267
鱼粉	0.85	0.91	0.55	0.84	－77

通过饲料配方调整实现理想的日粮阴—阳离子平衡值通常是很困难的，而饲喂阴离子盐添加料则非常容易。阴离子盐主要包括氯化铵、硫酸铵、硫酸铝、硫酸镁和氯化钙等。阴离子盐的适口性差，通过与适口性好的酒精糟、糖蜜或热处理大豆粕等载体混合后制粒的方法，可以提高适口性，并防止分离。生产上经常使用的配比是 200 克阴离子盐与 454 克载体混合，这样的阴离子盐产品已经由一些商业公司生产出了定型产品，可以供养殖企业选用。

（三）使用阴离子盐添加料的注意事项

1. 只喂给干奶后期或产前 21 天的经产奶牛。

2. 对所用各种饲料原料的矿物质（K、Na、Ca、S 和 Cl）含量应该了如指掌。

3. 日粮中硫含量应达到 0.4%。

4. 日粮中镁的含量控制在 0.4%。

5. 日粮中氯含量不超过 0.8%。添加阴离子盐后日粮中无需再添加食盐，因为氯离子含量超过 0.8%会降低采食量。

6. 日粮中非蛋白氮含量不要超过日粮总含氮量的 25%，或不超过可降解蛋白质含量的 70%。

7. 把日粮中钙浓度提高到日粮干物质的 1%～1.2%（或每天每头 100～150 克钙）。

8. 日粮中磷含量达到 0.4%（或每头每天 35～50 克磷的采食量）。

9. 每周定时测定尿液 pH，以了解饲喂阴离子盐对干奶期奶牛体内酸碱平衡的影响情况。尿液 pH 的测定至少需要 5 头奶牛。使用 pH 试纸或 pH 计迅速测定新排出的尿液，如果尿液平均 pH 超过 6.7，则表示所用的阴离子盐对奶牛酸碱平衡的影响不足以显著地提高产犊时的血钙浓度；如果尿液 pH 为 6.0～6.5，而且 DM 采食量适中，说明日粮酸碱平衡适当，继续饲喂该阴离子盐。如果尿液 pH 低于 5.5，而且干物质采食量降低，则应该减少阴离子盐的给量（表 6－4）。

表 6－4　日粮 CAD、尿液 pH 和奶牛代谢状态之间的关系

日粮 CAD	尿液 pH	酸碱平衡	产后奶牛血 Ca^{2+} 平衡
正平衡	8.0～7.0	碱中毒	低血钙
负平衡	6.5～5.5	轻度代谢酸中毒	正常血钙
负平衡	<5.5	肾负荷过重	

10. 一般不需要给初产母牛饲喂阴离子盐，因为低血钙在初产母牛的发生率比较低。

11. 每天饲喂阴离子混合料至少 2 次。

12. 最好的饲喂方法是把阴离子添加料和其他饲料混合制成全混合日粮。如果采用单独饲喂，一定要把阴离子添加料与 2.5～3.5 千克谷物或浓缩饲料混合后饲喂。

13. 注意奶牛的饲料消耗情况。如果采食量大量减少，需要

仔细检查饲喂方法。有时饲喂负 CAD 平衡的奶牛在产犊前采食量会稍低，但产犊后采食量会提高。由于负 CAD 日粮提高了血钙浓度，因此抵消了由于采食量降低所造成的负面影响。

（四）饲喂阴离子添加剂的优点

1. 在代谢紊乱发病率高的奶牛中，饲喂阴离子是减少产乳热、胎衣不下和真胃变位的主要防治措施。中国农业大学的试验结果表明，饲喂阴离子盐使胎衣不下的发病率降低 31.2 个百分点。

2. 即使是在管理条件好、产乳热和酮病发病率低的群体，减少亚急性低血钙也可以使一个泌乳期的产奶量从 230 千克增加到 450 千克（提高 3.6%～7.3%）。中国农业大学动物科技学院最近的试验结果表明，产前饲喂阴离子盐使奶牛产后前 4 个泌乳月平均产奶量提高 3.8 千克。

3. 改善繁殖性能，使受胎率提高，空怀期缩短，配种次数减少。

4. 减少治疗费用。美国的调查结果表明，每头患产乳热的奶牛每年平均治疗费用大约是 334 美元。而全美国处理临床产后瘫痪的直接花费是每年 1 500 万美元，加上由于瘫痪引起的其他疾病，每年的花费超过 1.2 亿美元。使用阴离子盐可以大幅度减少这部分费用。

二、缓　冲　剂

反刍动物具有一套复杂的酸—碱平衡调节系统，借助这一系统可使瘤胃 pH 维持在 5.5～7。瘤胃 pH 与瘤胃微生物降解有机物产生的挥发酸浓度、瘤胃中水的流量、瘤胃食糜流速、唾液分泌量以及饲料酸度有直接关系。如果瘤胃 pH 不适当，会导致饲料干物质进食量下降、酸中毒、微生物蛋白质产量和能量产生量下降。在饲料中加入缓冲剂可以有效地控制瘤胃 pH 的稳定，有助于提高采食量、增加产奶量和维持正常的乳成分（表 6 - 5）。

表 6 - 5　在不同粗饲料结构条件下产奶牛日粮中添加缓冲剂的
生产性能与对照相比的变化幅度

缓冲剂	试验次数	产奶量（千克）	乳脂率（%）	乳蛋白（%）	瘤胃 pH	干物质进食（千克）
小苏打	55	+0.2	+0.10	—	+0.05	+0.2
低粗料	17	+0.6	+0.16	—	+0.07	+0.5
苜蓿干草	8	—0.1	+0.03	NAb	—0.07	—0.1
苜蓿青贮	3	0	—0.03	—	+0.04	+0.2
玉米青贮	8	+0.3	+0.10	+0.04	NA	+0.02
碳酸氢钾	6	+0.6	+0.45	+0.04	+0.95	—0.1
高粗料	11	+0.1	+0.16	—0.02	+0.05	—0.1

（一）不同种类缓冲剂的比较

　　缓冲剂是奶牛业中应用范围最广的添加剂。在化学性质上，缓冲剂由弱酸和它的盐化合而成，其水溶液呈弱碱性。这种化合物能够抵抗瘤胃 pH 或氢离子浓度的改变。为了发挥功能，缓冲剂必须具有较好的水溶性（碳酸钙除外），而且平衡常数（pKa）必须接近瘤胃的生理 pH。小苏打的 pKa 为 6.25，是真正的缓冲剂。其他碱性或中性试剂如氧化镁，也具有提高瘤胃 pH 的功能。美国市场上几种常用缓冲剂的化学成分和性质见表 6 - 6。

　　1. 碳酸氢钠（小苏打）　为白色晶体，其中 $NaHCO_3$ 含量 99% 以上，是公认为安全的饲料添加剂。1% 小苏打水溶液的 pH 为 8.4，在瘤胃 pH 为 6.2 时发挥有效的缓冲功能。用于奶牛饲料中可调节体内的 pH、增进食欲、减缓对饲料营养成分的降解速度、加强菌体蛋白在瘤胃的合成、提高机体对营养素的消化吸收，从而提高奶牛的生产性能，增强机体的免疫力。尤其是对常年饲喂青贮料和精料偏高的高产奶牛效果更好，适宜添加量为每天每头 150 克。小苏打是目前研究最清楚的缓冲剂之一，其作用包括提高瘤胃 pH 和渗透压，维持理想的瘤胃发酵环境和增加瘤胃液外流速度。

表 6-6　美国市场上几种常用缓冲剂的成分和性质

项　目	NaHCO$_3$	Na$_2$CO$_3$	倍半碳酸钠	粗碱	MgO
NaHCO$_3$ 含量（％）	100	37	34.8	33.6	—
Na$_2$CO$_3$ 含量（％）	—	47	43.8	42.2	—
水合度（％）	—	16.0	14.9	14.0	—
惰性物质（％）	—	—	6.1	10.0	—
钠（％）	27.4	30.4	28.5	26.0	—
镁（％）	—	—	—	—	54
pKa 值	6.25	6.25	6.25	6.25	无
溶解度（每 100 毫升/克）	7	13	13	13	可变
酸耗（mEq/千克）	12	13	13	11	50

2. 倍半碳酸钠（Sodium Sesquicarbonate）　是美国 FMC 农业化学集团生产的含有碳酸氢钠和碳酸钠两种成分的混合物。其物理形态为白色针状晶体，1％水溶液的 pH 为 9.9，也是公认为安全的缓冲剂。据国外报道，使用倍半碳酸钠饲喂产奶牛，与对照相比，产奶量平均增加 1.6 千克，乳脂率提高 0.23％。由于倍半碳酸钠的价格低于小苏打，因此其市场前景被看好。

3. 粗碱　主要成分也是倍半碳酸钠，但含有 10％惰性物质，包括白云岩、页岩、泥岩和其他物质。有关粗碱作为缓冲剂方面的研究还很有限，其中存在的外源物质是否影响奶牛的生产性能和健康，也值得进一步研究。

4. 氧化镁　是一种碱性物质，不仅可以补充饲粮中镁的不足（含镁 54％），而且能够调节瘤胃发酵，并增加乳腺对乳脂合成前体物的吸收。氧化镁的溶解度、饲料的热处理和颗粒度大小，直接影响到氧化镁的作用效果。氧化镁能促进血液中乙酸盐和硬脂酸盐向乳腺的输送及提高脂蛋白酶活性，提高奶中的乳脂率，还可作为饲料的镁源，适用于在反刍动物饲料。研究者在奶牛基础日粮中添加 1.5% 的碳酸氢钠和 0.8% 的氧化镁，可使每头牛产奶量每天提高 2.3 千克，乳脂率提高 0.41%。

5. 乙酸盐 是合成牛奶乳脂肪的前体，乳中 50% 的脂肪酸是由乙酸合成的。日粮中添加的乙酸盐进入奶牛机体消化道后分解成乙酸根和钠离子，从而增加体内乙酸的含量，有利于牛奶中短链脂肪酸的合成，提高牛奶的乳脂率，同时乙酸盐可改善瘤胃内环境的酸碱度，给有益微生物的增殖创造了条件，促进对各种营养物质的分解、消化和吸收，提高产奶量。此外，乙酸盐还具有防霉、防腐的功能，可保证饲料的品质。研究者在奶牛精料中分别添加 0.1%、0.2%、0.33% 的双乙酸钠，结果表明，产奶量和乳脂率均得到提高，其中以添加 0.3% 组的效果最好，乳脂率提高 11.2%，产奶量提高 7.9%。

6. 碳酸钙（石粉） 在瘤胃中所起的缓冲作用很小。但在高淀粉饲粮条件下，碳酸钙通过提高小肠和大肠中淀粉消化率以及增强淀粉分解酶活性从而有助于提高粪便的 pH。饲粮中添加石粉使钙的比例达到 0.6%～0.8% 时，碳酸钙可以提供少量缓冲酸的作用。

7. 膨润土（也称皂土钠） 是饲料制粒工艺中广泛使用的黏合剂。它是一种含有某些矿物质的黏土，具有缓冲剂的功能。膨润土通过改变瘤胃挥发酸比例，从而起到防止乳脂率降低的作用。膨润土在瘤胃中能够膨胀体积（5～20 倍）、吸附和交换矿物质及氨，便于瘤胃微生物有效利用。

另外，作为缓冲剂使用的添加剂还有碳酸钾、碳酸氢钾、碳酸镁和碳酸钠等。钾盐用于预防热应激及低钾日粮中效果良好，但是价格高，而且市面上供应品种少。二价碳酸盐的碱性较一价碳酸氢盐强，但通常它们的适口性都很差。

各种缓冲剂的建议添加量列于表 6-7。多数缓冲剂的适口性不好，因此添加时必须格外注意用量，以免造成采食量降低。

表6-7　产奶牛日粮中几种缓冲剂的建议添加量

缓冲剂	建议添加量（克/天）
碳酸氢钠	110～225
倍半碳酸钠	160～340
氧化镁	50～90
膨润土	450～900
碳酸钠	115～180
碳酸钾	270～410

（二）应用缓冲剂的条件

应用缓冲剂欲取得最佳经济效益，需要考虑以下13个基本条件：

1. 高比例玉米青贮饲粮　玉米青贮含有较高的水分（60%～70%）、易发酵碳水化合物（＞30%）和较低的pH（3.9～4.2）。对于达到奶牛最大采食量来说，青贮饲料的最适pH应为5.6。在制作玉米青贮过程中，原料要求切得尽可能短以便压实。由于短的青贮颗粒本身具有湿润特性，所以不要求动物有太多的唾液分泌量，这时使用缓冲剂效果明显。

2. 湿度大的饲粮　如果饲粮水分含量超过50%，且含水的部分又为发酵饲料，那么饲粮总干物质进食量会降低6%～9%。自然含水量一般不影响饲料干物质进食量。

3. 低纤维饲粮　日粮中酸性洗涤纤维（ADF）低于19%会影响反刍，并导致瘤胃酸中毒。国外学者报道，ADF在14%以上每增加1个百分点会使乳脂率增加0.145个百分点，而添加108克小苏打和54克氧化镁也可使乳脂率提高0.145个百分点。

4. 干草进食量低　干草具有刺激唾液分泌、延长咀嚼和反刍时间以及降低全日粮水分的功用。进食每千克中等质量干草干物质会刺激分泌27.1升唾液。干草进食不足，会导致瘤胃产酸量增加。

5. 半干青贮饲料切得过细 进食每千克苜蓿半干青贮干物质会刺激牛分泌 14.3 升唾液。但进食切得过细的半干青贮会引起牛反刍时间缩短、瘤胃食糜外流速度增加和纤维消化率下降。

6. 高精料进食量 日粮中以精料替代粗饲料导致日粮纤维水平降低。国外研究者证实，饲喂 30％粗饲料日粮的产奶牛每天唾液中分泌的碳酸氢钠当量较饲喂 70％粗饲料的动物少 199 克。

7. 一餐精饲料给量过大 一餐精料给量超过 3 千克会造成瘤胃"猛烈"发酵。这种发酵会降低瘤胃 pH，并延长瘤胃 pH 低于 6 以下的总时间。

8. 精料颗粒粒度小 精料颗粒粒度小将造成易发酵碳水化合物的快速发酵和瘤胃食糜的快速外流，因而瘤胃产酸量增加。

9. 高水分谷物饲料饲喂 高水分谷物饲料中的水分含量直接影响其中碳水化合物和氮素组分的溶解度，并降低进食量。这一问题在谷物饲料的含水量高于 30％以上时尤为突出。

10. 高比例易发酵碳水化合物饲粮 高比例易发酵碳水化合物饲粮影响碳水化合物在瘤胃中降解的数量和降解速度、纤维消化率、瘤胃 pH 和挥发酸产生模式。

11. 乳脂率过低 某些产奶牛个体乳脂率过低或变异较大。这些个体的乳脂率差异在大群乳脂率平均值中往往被掩盖。如果荷斯坦品种奶牛乳脂率测定值低于 25％或产奶牛乳蛋白率超过乳脂率 0.4 个百分点，就可以认为瘤胃挥发酸比例和 pH 不正常。

12. 热应激环境 高温、高湿、辐射和空气流通不畅都会降低饲料干物质进食量，改变饲料消耗模式，并影响奶牛血液矿物质平衡。这些问题都有赖于通过补充缓冲剂来解决。

（三）缓冲剂应用的效果

国内有关使用缓冲剂效果方面的确切统计资料不多。根据美国对 1975—1985 年间 2 087 头产奶牛的调查资料，使用缓冲剂（主要是小苏打，每天每头产奶牛喂 150 克，或占混合精料的 1.43％）每天平均增加 3.5％乳脂率的奶量 1 千克，经济投入：产出为 1∶2.3。同一时期由 DHI 对美国中西部 9 个州 2 684个奶牛业主的调查结果显示，54.5％的牛场一直使用缓冲剂。与未使用缓冲剂的牛群相比，平均每年提高产奶量 571千克。

（四）几种矿物质类饲料添加剂的应用效果

奶牛饲料矿物质中的常量和微量元素的添加量可参考 NRC（2001）奶牛营养物质需要量加以确定。

硫元素能促使反刍动物瘤胃内纤毛虫加速繁殖，积极参与蛋白质和脂肪代谢及氧化过程，促进含硫氨基酸的合成，增强机体抵抗力。用于奶牛，可提高产奶量，增加乳蛋白和乳脂含量。研究者在奶牛精料中添加 0.8％的硫酸钠，40 天后，试验组比对照组每头每天产奶量增加 1.07 千克（$P < 0.05$），提高幅度为 7.1％。

有机铬作为葡萄糖耐受因子不可缺少的成分，具有促进胰岛素与细胞受体结合，加强胰岛素的活动和作用，刺激组织对葡萄糖的摄取。此外，铬在蛋白质和核酸的代谢中也发挥着重要作用，是维持核酸结构必需的营养物质。有研究报道，初产奶牛日粮中补充 0.5/10 000 000 的螯合铬，可增加奶牛采食量，提高产奶量 7％～10％，同时乳品质也得到改善。研究者在 6 月下旬至 8 月初的高温季节，给奶牛补充吡啶羧酸铬，可使每头奶牛日产奶量平均比对照组增加 2.44 千克，提高了 16.15％，且有利于缓解热应激。

第三节　维生素添加剂

维生素分为脂溶性（维生素 A、维生素 D、维生素 E、维生素 K）维生素和水溶性（B 族维生素和维生素 C）维生素两大类。维生素是奶牛保证正常生产性能和健康所必需的。轻度维生素缺乏是产奶牛常见的问题，主要表现为产奶量降低、经济效益下降。维生素 A、维生素 D、维生素 E 是奶牛饲料中必须添加的维生素。有许多研究认为，在干奶期给母牛饲喂高水平维生素 E（1 000 国际单位/天），有助于降低母牛产犊后奶中体细胞的数量和乳房炎的发病率，并提高初乳中维生素 E 的含量。奶牛天然饲料中含有的和瘤胃微生物合成的维生素 K 和 B 族维生素数量一般可以满足产奶需要，但在高产奶牛中，烟酸、胆碱和硫胺素等的合成量可能不足，需要考虑补加。

一、烟　　酸

烟酸是尼克酸、尼克酰胺和其他具有同样生物学活性物质的总称。烟酸的主要生物学功能是在 NAD+NADP$^+$ 辅酶系统中发挥作用。动物体内碳水化合物、脂类和蛋白质代谢、ATP 合成以及酶调节过程中多于 40 种生物学反应需要通过烟酸参与的辅酶系统传递氢。

饲料来源不同烟酸数量变异也很大，而且其生物学利用率低。奶牛瘤胃微生物能够合成烟酸，但在泌乳早期由于产后饲料成分和瘤胃环境的剧烈变化而导致烟酸合成数量不足，需要在饲料补加。

（一）对产奶量的影响

20 世纪 90 年代以前国外进行过系统研究，证明添加烟酸对奶牛产奶量和乳成分具有明显影响。国外研究表明，添加烟酸能使奶牛产奶量提高 2.3%～11.7%，乳脂率提高 2.0%～13.7%。一般在产犊前 1～2 周开始添加，每头添加量为每天 6～8 克，并持续到产后 10～12 周，尤其对产奶量在 8 000 千克以上的高产奶牛效果更为明显，并能减少卵巢囊肿的发生率，缩短了产后第 1 次发情的时间。研究者给患酮血症的奶牛每头每天添加烟酸 400 毫克，可提高产奶量 27.4%。

（二）作用机制

1. 在泌乳早期改善能量平衡　添加烟酸能使体脂动员减少，这样就降低了血液中游离脂肪酸和 β-羟丁酸（酮体）的浓度，并维持较高的血糖浓度。在人和大鼠上进行的试验表明，添加烟酸使体内环状 AMP 含量降低。泌乳早期（产后 2～5 周）血浆代谢产物浓度出现有利的变化，临床和亚临床性酮病发病率明显减少。

2. 提高干物质进食量　在大豆粕基础日粮条件下，添加烟酸使奶牛日粮干物质进食量提高 0.8 千克。增加 1 千克干物质进食量可以支持 2 千克以上产奶量，或由于改善了奶牛的能量平衡从而减少了体重损失。添加烟酸提高干物质进食量的反应，无疑与其减少亚临床型酮病发病率有关。

3. 提高瘤胃微生物蛋白质合成　添加烟酸可以影响瘤胃发酵，如增加微生物蛋白质合成和减少瘤胃中尿素氮的浓度。据报道，烟酸增加瘤胃微生物蛋白质合成，特别是原虫蛋白质，提高丙酸的产生量（改善葡萄糖平衡和减少酮病发生的危险）。

4. 提高乳蛋白产量　奶牛饲粮（常规或添加脂肪饲粮）中添加烟酸使乳蛋白含量提高，这与饲粮添加脂肪（全棉籽、全脂大豆或脂肪酸钙皂）的效果相反。添加烟酸导致饲喂添加脂肪日粮的奶牛乳蛋白含量提高的可能解释包括，添加烟酸提高了微生物蛋白质合成（饲喂脂肪会降低蛋白质合成），或增加了血浆葡萄糖和胰岛素的浓度。如果胰岛素在乳腺中乳蛋白合成过程发挥作用，那么添加烟酸由于能够提高血浆胰岛素的浓度，因而对促进乳蛋白合成产生积极作用。此外，饲喂烟酸导致奶牛血浆中色氨酸（合成烟酸的前体物）的浓度升高。如果奶牛日粮中烟酸供应不足，则动物需要大量色氨酸来满足对烟酸的需要，这时色氨酸就会成为限制乳蛋白合成的因素。

（三）生产中适宜添加烟酸的条件

1. 以下几种泌乳牛添加烟酸效果较好。产奶量在 8 000 千克以上的牛群，能量负平衡，易患酮病，干奶期体重超重，以及泌乳早期干物质进食量低的牛。对这几种能量为负平衡的泌乳牛来说，使用烟酸通过改善脂类代谢均会产生积极效果。

2. 体重超重的干奶牛。添加烟酸对体况评分为 3、4 或 5 的干奶牛有效，而对瘦牛的效果不明显。由于在生产条件下根据体况评分将接近干奶期的牛分开饲喂是不现实的，所以只要牛群中适于使用烟酸的牛数量达到一定比例，就要全群饲喂。

3. 为了保证产犊时母牛血浆中有较高的烟酸浓度和最少的脂肪肝形成，添加烟酸应该在产犊前 1～2 周开始，并持续到产后 10～12 周。血液和乳汁中烟酸浓度表明，产后 2～6 周期间奶牛对添加烟酸具有明显的反应。

4. 尼克酸和尼克酰胺作为烟酸来源对奶牛具有相同的生物学效价。

5. 奶牛日粮中添加脂肪，如全棉籽、全脂大豆或保护脂肪，会降低乳蛋白含量 0.1～0.2 个百分点；而在添加脂肪的同时再添加烟酸，则有可能维持乳蛋白率不降低。

6. 烟酸的添加量以每天 6～8 克为宜。

7. 烟酸与缓冲剂、微量元素、维生素和抗生素，可以作为反刍动物抗应激剂使用。有报道，给奶牛饲喂烟酸提高了产奶量（在产后最初 90 天内每头每天提高产奶量 1.2 千克），提高了单位产奶量的饲料转化效率，减少了卵巢囊肿发病率，并缩短了产后第 1 次发情的时间。烟酸产品的适口性不佳，需要与酒精糟或糖蜜等载体进行混合后饲喂。

二、氯化胆碱

氯化胆碱通常被归类于 B 族维生素，但它的作用绝不局限于传统的维生素。在奶牛营养中胆碱的作用包括将脂肪肝的发病率降至最低、改善神经传导和作为甲基的供体等。

产奶牛添加胆碱有效的主要机制是，当游离脂肪酸在泌乳早期从脂肪组织动员出来形成脂蛋白时，胆碱在甘油从肝的转移过程发挥作用，因为这一过程需要含有胆碱的磷脂的参与。添加胆碱还具有节省蛋氨酸的作用，否则饲料中的蛋氨酸将用于胆碱的合成。在泌乳早期，有效的补充胆碱，对节省蛋氨酸和糖的异生前体十分重要。胆碱作为乙酰胆碱的前体，同时又是不稳定甲基的重要来源。早期的研究表明，在日粮中添加氯化胆碱非瘤胃的保护形式，对产乳量和乳脂率有正向的作用。对奶牛的负平衡有较大的作用，对乳成分没有什么影响。10 克胆碱可以提供 44 克蛋氨酸所具有的甲基当量。

研究者每天用每头 2 克、6 克、10 克 3 个水平的瘤胃保护性胆碱添加量饲喂泌乳奶牛，其产奶量分别提高 6.75％、8.8％和 10％；乳脂率分别提高 4％、4.3％和 6％。又在泌乳奶牛日粮中按每天每头 25 克添加保护性氯化胆碱，分别在两个奶牛场进行饲养对比试验，结果表明，平均日产奶量分别提高 0.92 千克和 0.82 千克。

三、生 物 素

生物素为机体代谢中传递甲基的辅酶，可参与核酸和蛋白质的合成。研究发现，在泌乳期的前 5 个月，每天在每头奶牛日粮中添加 20 毫克生物素，试验组比对照组牛的产奶量提高 4.7％，乳脂率和乳蛋白含量也有所上升，提高幅度为 3.45％和 4.3％，且繁殖力和蹄部健康得到改善，产犊后发情周期缩短，受胎率提高。

第四节　氨基酸添加剂

氨基酸添加剂有蛋氨酸、赖氨酸、谷氨酸、甘氨酸、色氨酸及苏氨酸。饲料中添加氨基酸可以补充某些氨基酸的不足，平衡氨基酸比例。目前，研究较多的是蛋氨酸，因为蛋氨酸为第一限制性氨基酸，而且微生物蛋白中缺乏蛋氨酸。对氨基酸实行过瘤胃保护后，可使其避开反刍动物瘤胃的降解，到达小肠后被机体吸收。在奶牛日粮中添加过瘤胃氨基酸，可增加瘤胃中微生物的数量，提高动物对纤维素的消化吸收率，从而提高乙酸和丙酸的比例，增强奶牛产奶性能。研究者在奶牛日粮中添加瘤胃保护性蛋氨酸，每头每天 55 克，产奶量可提高 14.60%，乳脂含量和乳蛋白分别增加 12.06% 和 11.65%。

一、蛋氨酸锌

蛋氨酸锌是含有蛋氨酸和锌的螯合物，它具有抵制瘤胃微生物降解的作用。与氧化锌相比，蛋氨酸锌中的锌具有相似的吸收率，而且吸收后代谢率不同，以致从尿中的排出量更低，血浆锌的下降速度更慢。

在奶牛日粮中添加蛋氨酸锌能够提高产奶量，并降低奶中体细胞数。在生产条件下，蛋氨酸锌还具有硬化蹄面和减少蹄病的作用。蛋氨酸锌的添加量一般为每头每天 5～10 克，或占日粮干物质 0.03%～0.08%。

二、蛋氨酸羟基类似物

蛋氨酸是一种在肝合成脂蛋白过程所必需的含硫氨基酸。有人将蛋氨酸通过静脉注射到患有酮病的奶牛体内，发现蛋氨酸对酮病有治疗效果。蛋氨酸羟基类似物在化学性质上与蛋氨酸一样，但能抵抗瘤胃微生物的降解。多数研究结果认为，添加蛋氨酸羟基类似物虽然对提高产奶量的效果不明显，但能够增加乳脂率和提高校正奶的产量。在奶牛产奶平均水平高于每天 23 千克，日粮精料水平高于 50%，日粮蛋白质水平低于 15% 的情况下，每头奶牛添加量每天 20～30 克或占日粮干物质 0.15% 会取得良好的效果。蛋氨酸羟基类似物发挥作用的可能机制为：促进脂蛋白合成；改善纤维消化；提高瘤胃原虫数量；提高丙酸、乙酸的比例等。促进瘤胃发酵可以解释蛋氨酸羟基类似物或蛋氨酸发挥有效作用的原因。我国市场上蛋氨酸羟基类似物产品目前比较少见。

第五节　离子载体

离子载体是由某些放线菌产生的抗生素。它具有改变通过微生物生物膜离子流量的作用。革兰氏阴性菌外膜结构复杂，通常不受离子载体的影响；但革兰氏阳性菌缺乏典型的外膜，因而对离子载体极为敏感。所以，饲料中添加离子载体会导致瘤胃中革兰氏阳性菌比例减少，而革兰氏阴性菌比例增加，发酵终产物也会随之变化。

莫能霉素（商品名瘤胃素）和拉沙里霉素（商品名牛安）是用以改变瘤胃发酵类型的常用离子载体，最早应用于肉牛，可以提高日增重和饲料转化效率。在用于成牛和初产母牛所做的试验表明，莫能霉素可以提高增重 $6\% \sim 14\%$，而对繁殖性能、产犊过程和犊牛初生重等无任何不良影响。由于生长速度加快，青年母牛可提前配种、产犊，因而节省了大量饲料费用。在我国，饲喂莫能霉素每天每头牛投入的成本为 $0.08 \sim 0.1$ 元，增重收入为 $0.6 \sim 0.9$ 元，投入产出比为 $1:(6 \sim 8)$ 以上。拉沙里霉素的作用效果与莫能霉素相同，但拉沙里霉素可以饲喂体重小于 180 千克以下的牛，而且开始饲喂时没有如莫能霉素那样影响采食量的情况。离子载体也是鸡等动物常用的抗球虫药。

离子载体提高反刍动物生产性能的机制与其改变瘤胃中挥发酸产生比例和减少甲烷产生量有关，其生产上的反应是提高日增重和饲料转化效率、节省蛋白质、改变瘤胃充满度和瘤胃食糜外流速度。

离子载体对于瘤胃发酵的影响必然也会影响到奶牛产奶性能。降低乙酸、丁酸、甲烷的产生量，而提高丙酸的产生量，这意味着能量用于产奶效率的提高。丙酸产生量的提高表明动物能够合成更多的葡萄糖，从而直接提供更多的用于乳糖合成的前提物。增加葡萄糖合成的间接影响是能够节省更多的生糖氨基酸。

在产奶牛日粮中添加莫能霉素可以明显提高奶牛的产奶量，并影响乳成分，主要是乳脂率降低（约 0.1%），乳蛋白含量略有提高。

第六节　生物活性制剂

一、酶制剂

酶制剂可以破坏植物饲料的细胞壁，使营养物质释放出来，提高营养成分，尤其是粗纤维的利用率。此外，酶制剂还可消除抗营养因子。20 世纪末，美国学者通过糖基化方法制成了瘤胃中稳定的纤维素酶制剂，使外源纤维素酶在反刍动物饲料中的使用成为可能。研究结果表明，添加瘤胃稳定的酶制剂使干物质和六碳糖的活体外消化率提高，挥发酸产生量增加。经产奶牛每天调喂 15 克瘤胃稳定纤维素酶使产奶量提高 7%～14%，乳蛋白含量没有改变，但乳脂率略有下降。研究者在奶牛日粮中添加 0.2% 的复合酶制剂，结果产奶量提高了 1.3%～1.72%，乳脂率提高了 3.28%，差异显著（$P<0.05$）。

二、酵母培养物

酵母培养物是包括活酵母细胞和用于培养酵母的培养基在内的混合物。作用机制主要是维持稳定的瘤胃 pH，刺激瘤胃纤维消化，提高挥发酸的产量，有利于物质进食量提高。还可以改变挥发酸比例，使瘤胃乙酸与丙酸比例下降，这有利于产奶量的提高。在产奶初期每头每天添加 15～115 克，有助于防止进食量的下降和提高产奶量。米曲霉和酿酒酵母是目前国内外制备酵母培养物的常用菌种。研究者用米曲霉、酵母菌添加于精饲料中，每头奶牛每天为 10 克，结果乳脂率从 3.07% 提高到 3.14%。在奶牛饲料中添加啤酒酵母培养物，结果表明，产奶量提高 18%～20%，乳脂率提高 18%～23%。国外的研究结果显示，在奶牛饲料中添加酵母培养物能够提高产奶量 1～15 千克，乳脂率和乳蛋白率也有不同程度的提高。

三、活菌制剂

活菌制剂或直接饲喂微生物是一类能够维持动物胃肠道微生物区系平衡的活的微生物制剂。活菌制剂在奶牛应激或发病情况下具有明显的效果。活菌制剂维持产奶牛胃肠道微生物区系的机制十分复杂，而且目前还不完全清楚，但以下几点已经被人们普遍接受。①刺激有益微生物区系的生长；②稳定瘤胃 pH 环境；③改变瘤胃发酵类型和终产物的产量；④增加养分向瘤胃下段的流量；⑤提高养分的消化率；⑥通过提高动物的免疫机能来增加，抗应激能力。

作为活菌制剂的菌种应能在肠道内快速生长，在消化道表面能够定植，在胃内低 pH 环境下存活，贮存过程仍保持活力，以及能够与特殊的抗生素治疗作用相媲美等。一般可作为活菌制剂的微生物主要有：芽孢杆菌、双歧杆菌、链球菌、拟杆菌、乳杆菌、消化球菌和其他一些微生物菌种。活菌制剂的剂型包括粉剂、丸剂、膏剂和液体等。活菌制剂在产奶牛上的应用效果是提高产奶量（3%～8%），减少应激和增强抗病能力。

第七节　高能量饲料添加剂

奶牛在妊娠后期（干奶期和围生前期）干物质采食量大幅度下降，所以在泌乳初期能量摄入严重不足。母牛产犊后即开始产奶，营养需要迅速上升，消化机能也开始慢慢恢复，干物质采食量逐渐上升，但恢复和上升的速度很慢，远远低于营养需要上升的速度，致使采食量的增加严重滞后于产奶量增加的高峰，导致奶牛处于代谢负平衡状态，高产牛这种情况更严重。能量负平衡最终导致泌乳高峰期产奶量下降，高峰期所能维持的时间缩短，母牛的产奶潜力不能充分发挥，致使整个胎次的产奶量大幅度下降。这时奶牛动用体脂肪来满足产奶的能量需要，使奶牛的体重下降。大量体脂肪被用于产奶，使奶牛继发脂肪肝甚至酮病的危险性大大提高。

添加高能量饲料可提高奶牛机体的能量。采取在日粮中添加脂肪来提高日粮中的能量已成为一种行之有效的措施。国外对脂肪和油脂作为反刍动物饲料添加剂的研究较多，并逐步在畜牧业生产中得到应用。国内有关这类产品的开发、研制及应用的资料目前还很少。因此，为开辟国内反刍动物能量型饲料添加剂的新领域，国内很多科研机构开始着手开发新型的高能量饲料添加剂。主要包括以下几种：

一、脂肪酸钙

添加的脂肪若没有任何形式的保护，就可被反刍动物瘤胃破坏，妨碍瘤胃微生物的活动，降低纤维素消化率。因此，采用脂肪酸与钙盐结合的保护油脂——脂肪酸钙。由于长链脂肪酸易形成不溶性物质而不能被充分利用。脂肪酸钙主要作用为：增加奶产量，改善奶品质，延长泌乳高峰，减少热应激。脂肪酸钙稍有异味，饲喂时必须同其他饲料混合，保持5～7天的过渡期即可。

二、玉米粗油和大豆磷脂

奶牛日粮中添加玉米粗油和大豆磷脂能显著提高奶牛的产奶量。这是由于在泌乳初期，高产奶牛的泌乳需要使能量需要量增加，而干物质采食量的增加却很有限，所以通过在日粮中添加玉米粗油和大豆磷脂的方式来提高日粮的能量浓度，增加能量来满足奶牛对能量的需要，进而提高消化率，提高产奶量。但试验中发现玉米粗油的适口性较差，降低了采食量，若能采取加工处理，情况可得到进一步改善。

近年来，大豆磷脂作为饲料添加剂代替部分脂肪，已初步应用于饲料工业，并取得了较好的经济效益和社会效益，既为油厂解决了副产品综合利用问题，又为饲料厂提供了优质的添加剂。

三、氢化脂肪粉

氢化脂肪粉属瘤胃保护性脂肪，实际上研究开发的时间稍晚于脂肪钙皂，是目前国际上一种新型的反刍动物饲料用脂肪产品。其加工原理为，采用物理学的方法，将原料中的脂肪酸根据其熔点进行分馏，将所收集的高熔点脂肪酸加工成氢化脂肪粉。所含脂肪酸大部分为饱和脂肪酸，在瘤胃中稳定，过瘤胃效果好。熔点低，水溶性低，因而在瘤胃中不影响微生物的活性和对粗纤维的消化。与脂肪酸钙皂相比，氢化脂肪粉的优点是脂肪含量有明显的提高。庄苏等试验数据结果表明：添加脂肪粉可以提高产奶量 5.6%，标准校正乳 7.3%，对乳蛋白，乳糖的含量影响不大。此外，我国目前尚无统一的脂肪酸钙添加标准，一般认为添加量的大小应根据动物日粮中能量水平和粗脂肪含量来确定，所以今后的研究重点应侧重于不同能量水平下，添加量也应有所不同。

四、高油玉米

高油玉米含油量、蛋白质、赖氨酸、维生素等含量大大高于普通玉米，是一种优质高能的粮食、饲料和工业原料。在美国，人们称高油玉米为"增值玉米"。

高油玉米的使用增加了乳牛瘤胃液纤毛虫数量，对瘤胃发酵有一定影响。乳糖和乳蛋白质生产量得到提高，进而提高了乳中无脂固形物的生产量，但乳脂率稍有一点下降。

五、酒　　精

酒精作为能量的补充，对高产的泌乳奶牛，可以减少成本，提高动物质量，在能量不足的情况下，蛋白会被奶牛利用转化为能量，但这是一种高度的能量损耗，效率低下，添加酒精可减少蛋白转化为能量。国外报道，将酒精添加到饲料中，能够提高奶牛的增重，提高产奶量，提高乳脂率。但具体添加量会因动物、饲料不同而不同。

六、油 脂 类

油脂包括：花生油、橄榄油、大豆油、菜籽油、葵花籽油、芝麻油、玉米油、椰子油、棕榈油、棕榈仁油、黄油、猪油、鱼油、亚麻油、牛油、蓖麻油。其中，植物油脂占 75%，动物油脂占 25%，动物油脂中除食用黄油外，以牛油和猪油为主。

近几年，油脂作为能量饲料在动物饲粮中的应用越来越受重视。用油脂作为奶牛能量的补充的同时，也保证了对纤维素的补充。油脂还能提高繁殖机能，维持较高的泌乳高峰期。补饲脂肪的奶牛妊娠率为未补饲脂肪的奶牛的 2.22 倍。作为油脂添加剂添加时，饲料的生产加工过程中，产生的粉尘少，可降低车间的空气污染。

1. 美国、加拿大等国的研究者进行了向日葵籽和豆粕等植物性油脂作为能量补充料对奶牛生产性能的试验，其结果是：瘤胃微生物的数量有所减少，pH 降低，纤维素的消化率降低。Chow 等发现，当日粮中脂肪缺乏时，乳中 C16：0 含量增加而 C18：0 和 C18：1 减少。饲喂高脂日粮会使乳脂中 C16～C18 脂肪酸比例下降而 C18：0 和 C18：1 含量增加。

2. 共轭脂肪酸（conjugated linoleic acid，CLA）。在日粮中添加对奶牛产奶量和乳脂率都有影响。试验结果：奶量提高 9.19%，乳脂率降低 14.08%，但降低乳脂率的机理尚不十分清楚。

3. 动物性油脂，如牛油和猪油，含有 40% 以上的饱和脂肪酸。牛油饱和脂肪含量高，其熔点超过 40 ℃，它的应用不便之处是加热融化后，才容易与其他原料混合，但国内外在这方面所做的研究较少。

第八节 其他饲料添加剂

一、异 构 酸

异构酸包括异丁酸、异戊酸和 2-甲基丁酸，为瘤胃纤维素分解菌生长所必需。瘤胃发酵过程产生的异构酸量可能不足，所以，在奶牛日粮中添加异构酸能提高瘤胃中包括纤维分解菌在内的微生物数量，改善氮沉积量，提高纤维消化率，进而提高产奶量和乳脂率。有报道指出，奶牛饲料中每天添加 85 克异构酸，可以提高产奶量 2.7 千克。在产犊前 2 周至产后 225 天，添加异构酸效果较好。但在青年母牛日粮中添加异构酸，在经济上未必划算。国外资料报道，在奶牛饲料中添加异位酸可使奶牛泌乳期的产奶量平均每天增加 0.5～2.3 千克，泌乳初期的产奶量提高 10.6%，乳脂率提高 0.05%。异位酸的推荐用量：产奶前 2 周为每天每头 45 克，产奶后为每天每头 86 克。

二、丙 二 醇

丙二醇是一种新型奶牛饲料添加剂。它是一种最终能生成葡萄糖的底物，对奶牛体内的脂类和糖类起到很重要的代谢作用。因此，这种新型奶牛饲料添加剂可以降低奶牛脂肪肝和酮症的患病几率，同时还能提高奶牛的产奶量和牛奶中蛋白质的含量。如果在酮血症发病之前每天给产奶牛 0.25～0.5 千克丙二醇，可以通过保持血浆中适宜的葡萄糖水平防止酮血症的发生和脂肪肝的形成。丙二醇适口性差，建议在产犊前 1 周和产犊后 2 周内每天每头灌服 0.25～0.5 千克。作为新型奶牛饲料添加剂，丙二醇的投放量及副作用还有待进一步研究。

三、牛生长激素

牛生长激素（BST）是牛脑下垂体前叶分泌的蛋白质激素。美国的孟山都等几家公司已经应用重组 DNA 技术生产出 BST，该产品已于 1994 年由 FDA（美国食品和药物管理局）批准在奶牛生产中使用。大量试验结果表明，BST 用于产奶牛，在不改变乳成分的前提下，可以提高产奶量 $10\% \sim 25\%$，提高饲料转化率 $10\% \sim 20\%$。由于 BST 是一种多肽，在胃肠道内可以完全降解，所以，它不能通过饲喂方式提供给动物。目前，BST 是通过注射方式供给。产奶牛于产后第 $2 \sim 4$ 泌乳月开始注射效果较好。产奶初期牛的能量处于负平衡情况下宜使用 BST，对于体况较肥（如体况评分超过 4）的牛效果较好。产奶牛 BST 的使用剂量为：每 8 周每头注射 500 毫克或每 12 周每头注射 960 毫克。我国《饲料和饲料添加剂管理条例》目前严格禁止给动物使用激素类产品。

四、脲酶抑制剂

脲酶抑制剂是目前奶牛饲料调控剂中一种比较理想的非营养性添加剂。它主要能抑制瘤胃内微生物脲酶的活性，降低瘤胃中氨的浓度，而且可使氨的释放速度保持平稳，有利于控制尿素的分解速度，避免反刍动物氨中毒，从而提高饲料中纤维素的利用率和家畜对蛋白质及尿素的利用。研究报道，在每千克奶牛日粮中添加 25 毫克的脲酶抑制剂，可使瘤胃中尿素分解速度降低 56%，粗蛋白利用率提高 16.7%，微生物蛋白的合成量增加 25%，产奶量提高 16.7%，环境中氨的释放量减少 51.4%。

五、二氢吡啶

二氢吡啶是一种抗氧化稳定剂和家畜促生长剂，具有天然抗氧化维生素 E 类似的作用，研究者在每千克奶牛日粮中添加 50

毫克二氢吡啶，可使牛第 1、2、3 泌乳月的产奶量分别提高
26.8％、46.4％、28.6％。研究报道，在奶牛基础日粮中添加二
氢吡啶（干奶期每头每天 2 克，泌乳期每头每天 2.5 克），每头
奶牛产奶量每天增加 4.50 千克。

第九节　提高牛乳品质的饲料添加剂

一、碳酸氢钠

在奶牛泌乳日粮中，每头每天添加碳酸氢钠 150 克，可有效
地提高奶牛的泌乳性能，使产乳高峰提前，并能保持 8 个月，使
产乳量提高 30％，乳脂率提高 0.48％。

二、磷 石 膏

磷石膏除含有丰富的硫、钙外，还含有钾、钠、铝、铁、
钡、锶与稀土元素。近年来，国外许多科研人员以磷石膏作为奶
牛饲料添加剂。每头奶牛基础日粮中添加 71.5 克磷石膏，效果
最佳，可使产奶量增加 11.7％，乳脂率增加 20.5％，每千克牛
奶的配合饲料消耗量降低 21.4％。

三、大 蒜 素

在奶牛饲料中添加 0.1％大蒜素能使精料产生浓厚的香味，
对奶牛产生强烈的诱食作用，奶牛喜食，并可提高饲料利用率，
可使奶牛的日产奶量平均增加 2.3 千克，乳脂率提高 0.15％。
并能抑制奶中大肠杆菌、金黄色葡萄球菌等有害菌的生长，而对
有益的干酪乳杆菌生长有促进作用，并使奶中的香味成分增加，
改善奶的品质，使奶格外鲜美。

四、酵　　母

德国的一些奶牛场在奶牛的饲料中添加一定量的酵母培养

物，取得了很好的效果，主要是：①能改善奶牛的消化功能，增加饲料摄入量；②能提高牛奶产量 10％～15％；③能提高牛奶中乳脂和乳蛋白的含量，提高牛奶品质。据研究表明，在奶牛日粮中添加酵母，可使奶牛产奶量提高 7％～10％，乳蛋白含量提高 0.1％～0.2％，乳脂率提高 0.1％～0.3％。

五、柠檬酸稀土

在奶牛精料中添加柠檬酸稀土 8％，可使奶牛日产奶量提高 12.7％，乳蛋白增加 5.7％，乳脂率提高 7.3％，奶中微量元素总量提高 11.7％，而且奶的适口性增强。

六、胡萝卜素

俄罗斯专家在奶牛产奶前 30 天和产奶后 92 天的奶牛日粮中补加 7 克胡萝卜素制剂，每个泌乳期净增牛奶 210 千克，而且奶中维生素 A 含量提高 21.5％。

七、香草类中草药

日本专家通过试验发现，在奶牛饲料中加入香草，挤出的奶不仅减少了腥味，而且含有香味。如果加以推广，这种"香草牛奶"可成为牛奶市场上的新宠。俄罗斯专家在一组奶牛饲料中加入肉桂，另一组奶牛饲料中加入紫苏，结果这两组奶牛挤出的牛奶中分别含有肉桂和紫苏的若干成分，奶味具有一股特殊的香味，其口味明显优于普通牛奶。

八、籽 粒 苋

籽粒苋为优质饲草，含有蛋白质、脂肪、多种维生素和多种核糖核酸。北京市北郊农场用鲜籽粒苋茎叶、嫩穗喂奶牛，以青贮玉米作对照，1 周后产奶量比对照组提高 4.67％，牛奶中蛋白质含量增加 10.4％，而且奶味清香。

九、海　　带

每天在每头奶牛饲料中添加海带粉 200 克，可提高产奶量 7％，奶含碘量由每升 100 微克增加到 600 微克，乳腺发病率减少 90％以上，泌乳期延长 25～30 天，并降低了饲料消耗。

十、沸 石 粉

沸石粉是一种铝硅酸盐矿物，含有钙、磷、钾、镁、铜、锰等 20 多种常量和微量元素。在奶牛饲料中添加 5％的沸石粉，可以提高产奶量 6％～10％，同时可使奶中的有益矿物质含量增加，提高奶的品质。

第十节　奶牛饲料添加剂的发展趋势

随着饲料工业的发展，人们对添加剂在奶牛饲料中的应用效果有了明确的认识，奶牛饲料添加剂的使用也越来越普遍。由于对食品安全的担忧，人们对饲料产品的卫生质量和安全要求越来越高，生产无污染、无残留、优质、安全、高效的饲料产品是奶牛业发展的必然要求。

一、提高生产性能

使用添加剂的主要目的之一就是提高奶牛的生产性能，包括产奶量、进食量、单位重量校正奶的饲料转化率、稳定的奶成分等。虽然奶牛饲料添加剂提高生产性能的效果不如单胃动物那样来得直接和显效，但这始终是实际生产者使用添加剂时所要追求的首要目标。

二、满足乳产品无药物残留的要求

截至目前，奶牛等反刍动物饲料仍是畜牧行业中少有的不添加抗生素的饲料。从人的健康、保健和环境保护等目的出发，研究和推广使用新型添加剂产品，如酶制剂、活菌制剂、寡糖等，将是绿色奶牛业未来发展的重要方向。为了达到这样的目的，需要国家制定并推行完备的奶牛饲料质量和卫生安全标准体系。同时，乳品加工企业、饲料行业、养牛企业的自我规范与互相监督也是必不可少的。

三、减少奶牛疾病

繁殖疾病、代谢病和肢蹄病始终是困扰奶牛生产发展的主要疾病。通过使用适宜的饲料添加剂，减少和控制上述疾病的发生是可以实现的。例如，干奶后期使用阴离子盐添加剂降低产奶初期的酮病、乳房炎的发病率；使用缓冲剂控制高精料饲喂带来的瘤胃酸中毒；添加蛋氨酸锌提高蹄壳硬度等。

四、抗应激与改善动物福利

要求经过高度遗传选育的奶牛高产，这首先是一种应激反应。在高温或低温环境下、在集约化条件下饲养奶牛，母牛产犊、转群、干奶等，也都是应激反应。保证动物福利和保障动物权利已经成为今天更多人关注的焦点问题。为了实现奶牛高产和高效，除了给牛只提供符合生理条件的配合饲料外，还必须提供舒适的生活环境和最少的应激。研究证明，某些添加剂饲料，如活菌制剂对减少动物应激有明显的效果。

参考文献

崔中林，张彦明主编.2001. 现代实用动物疾病防治大全 ［M］. 北京：中国农业出版社.

董德宽主编.2003. 乳牛高效生产技术手册 ［M］. 上海：上海科学技术出版社.

董希德主编.2004. 奶牛健康养殖和饲养管理 ［M］. 北京：中国农业出版社.

甘肃农业大学.1990. 兽医产科学 ［M］. 第 2 版. 北京：农业出版社.

侯引绪，魏朝利.2012.DHI 技术体系与应用 ［J］. 中国奶牛 (10).42－45.

李祚煌主编.1994. 家畜中毒及毒物检验 ［M］. 北京：农业出版社.

莫放主编.2003. 养牛生产学 ［M］. 北京：中国农业大学出版社.

牛病防治编写组.1977. 牛病防治 ［M］. 上海：上海人民出版社.

邱怀主编.2002. 现代乳牛学 ［M］. 北京：中国农业出版社.

桑润滋主编.2005. 奶牛养殖小区建设与管理 ［M］. 北京：中国农业出版社.

王福兆编著.2005. 怎样提高养奶牛效益 ［M］. 北京：金盾出版社.

王福兆主编.2004. 乳牛学 ［M］. 第 3 版. 北京：科学技术文献出版社.

王根林主编.2005. 科学饲养奶牛技术问答 ［M］. 第 2 版. 北京：中国农业出版社.

王建华主编.2002. 家畜内科学 ［M］. 北京：中国农业出版社.

王俊东，刘岐.2002. 奶牛无害化饲养综合技术 ［M］. 北京：中国农业出版社.

王占赫，陈俊杰，蒋林树，等.2007. 奶牛饲养管理与疾病防治技术问答 ［M］. 北京：中国农业出版社.

王中华主编.2003. 高产奶牛饲养技术指南 ［M］. 北京：中国农业大学出版社.

吴体拉译.1972. 家畜传染病学 ［M］. 北京：科学出版社.

韦人 . 2011. 规模奶牛场合理调整牛群结构的探讨 [J]. 中国奶牛（21）. 47-48.

徐照学主编 . 2000. 奶牛饲养技术手册 [M]. 北京：中国农业出版社 .

岳文斌，杨修文 . 2003. 奶牛养殖综合配套技术 [M]. 北京：中国农业出版社 .

R. 詹森，R. D. 麦基编著 . 1983. 育肥牛疾病 [M]. 重庆：科学技术文献出版社重庆分社 .

图书在版编目（CIP）数据

现代化奶牛饲养管理技术／蒋林树，陈俊杰主编
.—北京：中国农业出版社，2013.12
ISBN 978-7-109-18644-6

Ⅰ.①现… Ⅱ.①蒋… ②陈… Ⅲ.①乳牛-饲养管理 Ⅳ.①S823.9

中国版本图书馆 CIP 数据核字（2013）第 282589 号

中国农业出版社出版
（北京市朝阳区农展馆北路 2 号）
（邮政编码 100125）
责任编辑 李文宾

中国农业出版社印刷厂印刷 新华书店北京发行所发行
2014 年 3 月第 1 版 2014 年 3 月北京第 1 次印刷

开本：850mm×1168mm 1/32 印张：8.5
字数：200 千字
定价：19.80 元
（凡本版图书出现印刷、装订错误，请向出版社发行部调换）